延边牛公牛

新疆褐牛公牛
（陈幼春 摄）

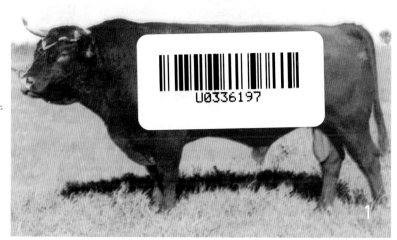

草原红牛公牛

1

三河牛母牛
（刘镜平　供图）

科尔沁牛公牛
（贾恩棠　摄）

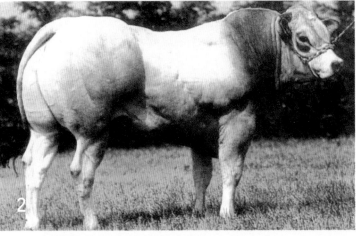

皮埃蒙特牛公牛
（自 ANABORAD

夏洛莱牛公牛

利木赞牛公牛

海福特牛公牛

3

安格斯牛公牛

犊牛肥育

西门塔尔牛育成牛

4

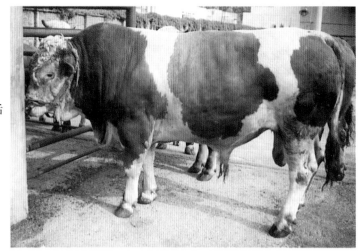

强度肥育后
的西杂牛

肥育牛舍

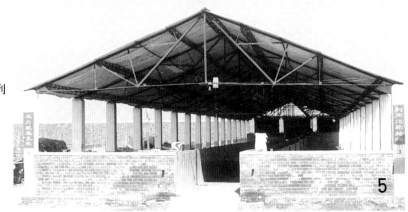

头对头双列
式牛棚

牛的装车

牛的称重

制作氨化草的氨气罐

6

青贮铡碎机

地上式青贮

用氨枪向草垛
内通入氨气

7

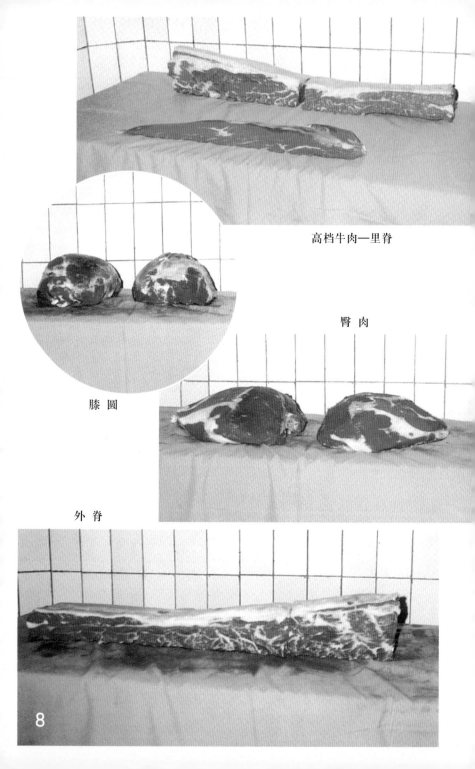

高档牛肉—里脊

臀 肉

膝 圆

外 脊

8

肉牛高效益饲养技术
（修订版）

编著者

王加启　吴克谦　张　倩

罗应荣　周建民　王　晶　周振峰

金盾出版社

内 容 提 要

本书由中国农业科学院畜牧研究所研究员王加启博士等编著。本书出版以来已发行 19.2 万册,深受读者的欢迎。编著者汲取国内外肉牛科研新成果,结合当前肉牛饲养技术的新发展,对原书进行了修订和补充。内容包括:肉牛的品种,消化特点,饲料营养及日粮配合,肉牛的生长发育和选择技术,肉牛的饲养管理,架子牛快速肥育方法,高档牛肉生产技术,母牛的繁殖技术,肉牛常见病的防治以及肥育牛场的建设要点等。适合肉牛养殖场职工、肉牛养殖户、畜牧兽医工作者及各级畜牧业生产管理人员阅读参考。

图书在版编目(CIP)数据

肉牛高效益饲养技术/王加启等编著 . —修订版 . —北京:金盾出版社,2008.12(2019.5 重印)
 ISBN 978-7-5082-5400-5

Ⅰ.① 肉 …　Ⅱ.① 王 …　Ⅲ.① 肉牛—饲养管理　Ⅳ.① S823.9

中国版本图书馆 CIP 数据核字(2008)第 146903 号

金盾出版社出版、总发行
北京太平路 5 号(地铁万寿路站往南)
邮政编码:100036　电话:68214039　83619215
传真:68214032　网址:www.jdcbs.cn
北京天宇星印刷厂印刷、装订
各地新华书店经销
开本:850×1168 1/32　印张:7.75　彩页:8　字数:184 千字
2019 年 5 月修订版第 24 次印刷
印数:256 001~261 000 册　定价:23.00 元
(凡购买金盾出版社的图书,如有缺页、
倒页、脱页者,本社发行部负责调换)

修订版前言

改革开放以来,我国畜牧业快速发展,实现了持续增长。其中,肉牛业作为一个传统的农业产业,也一直以较高的速度持续、稳定地增长,已经成为畜牧业经济中的一个新的增长点,在增加农牧民收入和提高居民膳食结构方面正发挥着越来越重要的作用。1980年,我国牛出栏量为332.2万头,产量仅26.9万吨;2006年,牛出栏5 602.9万头,牛肉产量达到750万吨,分别是1980年的16.9倍和27.9倍。牛出栏量和牛肉产量保持逐年增长势头。

长期以来我国没有专用的肉牛品种,主要是靠一些老、残耕牛屠宰后为市场提供牛肉。直到20世纪70年代中期,我国才开始从外国引入专门的肉用品种进行黄牛的改良。1979年,农业部在全国建立了100多个养牛基地县,这些措施加快了我国地方品种牛的改良工作。新疆褐牛、草原红牛分别于1983年和1985年获得改良成功,并通过了国家验收。黄淮海地区用夏洛来牛、利木赞牛和西门塔尔牛改良黄牛也获得成功。到1986年改良牛已达260余万头。从此,我国的肉牛业开始兴起,到1989年以后,肉牛业开始迅速增长。2007年在河南省泌阳县培育成功我国第一个肉牛品种——夏南牛,并通过了国家畜禽遗传资源委员会的审定。

但是,我国幅员辽阔,生态条件复杂,气候多样,引进的优良品种,仅用作经济杂交,不可能取代我国地方品种。我国地方品种的牛肉肉质好,风味佳,鲜嫩多汁,很有特色。经过强度肥育的牛,眼肌面积大,大理石状花纹明显,完全符合高档牛肉的标准;牦牛肉色泽鲜红,蛋白质含量高,是无任何污染的绿色食品。因此,我国今后培育新型肉牛,还应该以本品种选育为主,本地良种是必不可少的基因库。

20世纪80年代到90年代,农业部和原国家经委组织了肉牛营养需要的研究,制订了我国的肉牛饲养标准,对肉牛的专用饲料添加剂进行了深入系统的研究。1992年农业部开始提倡发展秸秆养牛,并且在全国建立了10个示范县,现在秸秆养牛已在我国的农区得到了大面积的推广应用。此外,一些实用技术开始在肉牛生产中得到广泛应用或开始受到重视,如饲养技术、配合饲料技术、犊牛断奶后补饲技术、多元杂交及高代杂交技术、饲料青贮技术、饲料氨化技术、细管冻精人工授精技术等这些技术的实施推动了肉牛业的发展。

随着高档牛肉经济效益的突现,我国近几年也在大力探索高档牛肉生产技术。我国良种黄牛经过肥育后,多数肉质细嫩,肉味鲜美。但普遍存在体型小、生长速度慢、出肉率低、肌肉纤维粗的缺陷,用这样的品种来生产高档牛肉有很大难度。因此,需要引进国外良种进行杂交,提高产肉性能,同时保持原有肉质细嫩的特点。许多研究证明,杂种牛有着较高的屠宰率和净肉率,眼肌面积大,大理石状花纹评分高,皮下脂肪少,有着较高的经济效益。

大众消费市场是我国最主要的市场消费形式。目前这一市场仍是牛肉销售的主渠道,随着人民生活水平和对健康要求的不断提高,牛肉的消费量和市场需求量也逐渐增加。据国家统计局资料,2007年上半年,我国城镇居民人均购买牛肉1.35千克,花费金额26.72元。此外,高档牛肉消费市场也逐年扩大,随着我国经济的发展,来华旅游观光的外国客商逐年增加,涉外宾馆、饭店,旅游服务行业日渐兴旺,牛排等高档牛肉消费日渐增多。从国际市场来看,大陆每年销往香港市场的活牛20万头以上,另外还向中东地区及俄罗斯等国家出口大量分割牛肉,前几年我国每年向日本、俄罗斯出口的肉牛已达到40万头。从国内和国际市场分析来看,我国肉牛业的发展前景非常广阔。下一步发展重点应该强调肉牛生产的种、养、宰、加工一条龙,真正实现产业化,搞好深、精、细加工,增强在国际市场上的竞争力,这样才能获得更多的优质牛肉和扩大牛肉出口。

我国肉牛业发展到今天已经有了一个较好的基础。虽然我们仍面临着肉牛生产技术水平不高，牛肉品质相对较低，缺乏专门化的肉牛品种等问题，但同时，随着中国加入世界贸易组织（WTO），我们又面临着许多良好的发展机遇，抓住机遇，迎接挑战，中国肉牛业的前景将无限光明。

编著者

2008 年 8 月

目　　录

第一章 绪 论

第一节 世界肉牛业现状及发展趋势

一、世界肉牛业现状

根据"2007 年世界畜牧生产统计资料"(联合国粮农组织,FAO),全世界牛存栏 13.83 亿头,较多的国家是巴西(2.07 亿头)、印度(1.81 亿头)、中国(1.39 亿头);全世界水牛存栏 1.77 亿头,较多的国家是印度(9 880.5 万头)、巴基斯坦(2 840 万头)、中国(2 281.3 万头);全世界奶牛存栏 2.28 亿头,较多的国家是印度(3 400 万头)、巴西(1 510 万头)、俄罗斯(1 030 万头)。全世界肉牛屠宰数 2.74 亿头(6 421.6 万吨),较多的国家是美国 3 759 万头(1 191 万吨)、巴西 3 620 万头(777.4 万吨)、中国 3 303 万头(750.2 万吨)。中国牛存栏数名列世界第三,水牛存栏数名列世界第三,肉牛屠宰数名列世界第三。

世界发达国家的专业化和集约化肉牛生产体系日趋完善。近 30 年来,国外畜牧业发达国家肉牛场生产规模越来越大,饲养户越来越少。如美国的肉牛业,中等规模户养 2 000～5 000 头肉牛,大户则养几万头,甚至几十万头,提供肉牛市场 75％以上的牛源,全美国肉牛养殖户仅 1 万户。美国养牛业已实现了工厂化生产,投喂饲料、清除粪便、提供饮水、诊断疫病、饲料配方、营养分析等操作过程都实现了自动化、机械化。犊牛生产、育成、育肥是在专门生产场中分别进行的,如商品犊繁殖场只养母牛、种公牛、妊娠牛、后备母牛;育成牛场(拍卖牛场)收购断奶不足 320 千克的牛饲养,放牧结合补料,体重达 450～550 千克时出栏上市。

肉牛育肥方式因各国条件不同而异,同时还受市场、饲料、牛肉价格等因素的影响而有所变化。以精饲料为主的半集约化肥育方式由于育肥时间较短,消耗粗饲料相对较少。因此,在生产中得到广泛应用。大量饲喂粗饲料的粗放式育肥主要以粗饲料和放牧为主,消耗精饲料少,肥育牛体重较大,所以在生产中也很受欢迎。美国一些地区还采用典型的易地育肥方式,即在草原或山地、丘陵,草场资源丰富的地区集中饲养母牛,繁殖犊牛及培育生长牛,一般生长至体重300千克左右时运到精饲料及农副产品丰富的农区进行肥育。新西兰和澳大利亚等国把各类牛长年放牧在围栏草场上,进行科学的粗放管理。

发达国家进入市场的牛肉均已经过冷加工,热鲜肉(屠宰后不经任何加工的肉)不得上市。牛的屠宰、冷加工(排酸)、分割、包装等整个工艺流程以及牛肉质量标准均已普及,并日益成熟和完善。牛肉的卫生达标是以严格的加工工艺取得的。采用"栅栏"效应等技术、紫外线杀菌、有机酸和有机酸盐等来代替传统的防腐剂,使商品牛肉真正达到安全、优质、无公害。

二、世界肉牛业发展趋势

(一)大力倡导节粮型肉牛育肥方式

由于粮食紧缺和价格上涨,世界各国特别是人多地少的国家,日趋重视充分利用粗饲料进行肉牛的饲养。因此,进一步开发秸秆等粗饲料的加工利用,充分利用农副产品发展肉牛生产,是许多国家肉牛业的发展方向。同时,改良草地、建立人工草场,利用放牧降低肉牛肥育成本,也是今后发展高效肉牛业的重要措施。目前,粗饲料的加工方法不断改进,能够更多地保留粗饲料中的营养成分,提高其利用率和利用价值。袋装青贮、裹包青贮的应用可以改进青贮料品质,提高生产效率。干草压制成草饼、草块等,既便于贮存、运输,又减少了损失。

(二)重视研究和应用肉牛生产新技术

关键技术的突破和新技术、新工艺的研制及推广,日益显示出其重要性。1951 年美国首例牛胚胎移植成功后各国都加强了研究和生产应用。20 世纪 70 年代后期至今,国外兴起了配子和胚胎的生物工程研究,如胚胎冷冻、胚胎分割、体外受精、性别控制、胚胎嵌合、细胞核移植、基因导入等。目前胚胎移植作为生物技术的组成部分,已在生产中应用。美国、加拿大、日本等许多国家都建立了专业的牛胚胎移植公司。近年来,美国和加拿大每年移植牛胚胎 10 万～20 万头。美国 1 年可从 1 头母牛获得 36 个胚胎,14～15 月龄母牛用作供体平均可获得 25 个胚胎。此外,电脑控制的现代化饲养系统使肉牛集约化生产进一步发展。在大型肉牛场,按照围栏牛群的年龄、体重、体况等情况,确定该栏牛群的饲料配方。当需要某种配方的饲料时,微机按照输入的配方加工数据资料,控制自动容积式秤,准确按规定的各种成分、比例下料。混合均匀后自动灌装喂车饲,然后运往指定围栏饲喂,极大地提高了生产效率和养殖效益。

(三)快速发展高档牛肉生产

随着世界经济的发展,人类食品结构发生了很大变化,牛肉消费量增长,特别是高档牛肉消费增加。各国市场对牛肉的需求,一是满足快餐为主的大众化牛肉,二是高档次消费的西式牛排,三是以日式为代表的东方铁板烤牛肉(雪花牛肉)。后两种要求档次较高,在大理石花纹等级、成熟度上有较高标准和特殊评价。为了适应高档牛肉生产的需要,一些发达国家,如美国、日本、加拿大及欧洲经济共同体都制订了牛肉分级标准;不同国家按市场需要的不同,利用安格斯牛、利木赞牛、皮埃蒙特牛等肉质优良品种生产适销对路的高档牛肉;其中部分用作生产小白牛肉,向德国、意大利、法国等国出售,价格高于一般牛肉数倍。韩国为减少高档牛肉进口量,优化优质肉牛肥育饲养方法,以提高高档牛肉国内产量。

第二节 我国肉牛业概况

一、我国肉牛业的发展现状

改革开放以来,我国畜牧业保持了较高的发展速度,实现了持续增长,已成为名副其实的畜牧业生产大国。其中,肉牛业也有很大发展,牛出栏量和牛肉产量保持逐年增长势头。1980年,我国牛出栏量为332.2万头,产量仅26.9万吨;2006年,牛出栏5 602.9万头,牛肉产量达到750万吨,分别是1980年的16.9倍和27.9倍。2006年,我国牛肉产量占世界的11%,位于美国和巴西之后,名列世界第三位。据国家统计局资料,2007年上半年,我国城镇居民人均购买牛肉1.35千克,花费金额26.72元。其中,西藏牛肉购买量排名第一,人均为8.72千克,支出额为208.9;山西牛肉人均购买量最少,人均为0.41千克,支出额为8.01元。我国牛肉消费特点是消费水平低。主要表现在:牛肉消费在地区之间存在较大差异;城市消费水平高,农村消费水平低;主产区消费水平高,非主产区消费水平低。

目前,我国肉牛的生产包括四个主要产区:中原肉牛带(河南、山东、河北、安徽等4个省的7个地市38个县市)、东北肉牛带(辽宁、吉林、黑龙江、内蒙古等4个省、自治区的7个地市24个县市、旗)、西南肉牛带(广西、贵州、云南、四川、重庆等5个省、自治区)、西部肉牛带(甘肃、新疆、宁夏、陕西等省、自治区)。其中以中原肉牛带与东北肉牛带的发展最为强劲。2001年中原肉牛带的四省(山东、河南、河北、安徽)肉牛存栏量占全国的35%,牛肉产量占全国的53%。东北三省牛存栏量占全国9%,牛肉产量占全国的16%。

我国肉牛业的发展中,经历了长期快速的发展历程。20世纪80～90年代的肉牛业发展,从客观上来说,一方面是由于政策性指导,农业的连年丰收和人民生活水平的提高促进了肉牛业的发展。另一方面,由于出口量的不断扩大,促使了一些肉牛场的迅速崛起。近年来,我国肉牛业的发展,开始从发展数量到注重质量的转变。如中原肉牛带,肉牛的饲养就呈现出多元化的趋势。过去,肉牛育肥都是短期快速育肥,现在不但有短期快速育肥,还有中长期育肥,另有幼龄牛的直线育肥等多种形式。

从整体上来说,我国的肉牛饲养期缩短,出栏率提高,牛肉的质量、档次也得到提高,杂交牛在生产中所占的比例越来越大。不过我们仍需要有一个清醒的认识,那就是我国的肉牛生产相对于奶牛生产,技术含量和水平仍然较低,还需较长时间和较大力度的发展和提高。

二、我国肉牛业发展中存在的主要问题

(一)产业化程度不高

现阶段我国肉牛生产的主要模式是"以千家万户分散饲养为主,以中小规模育肥场集中育肥为辅"的肉牛饲养模式。这种模式虽然在一定时期内促进了我国肉牛业的发展,但由于其产业化组织程度很低,在一定程度上也制约了我国肉牛产业的发展。一是在这种体制下所建立起来的组织形式是以盈利为前提的,生产和经营之间的联系十分脆弱,不能形成一种"风险共担,利益共享"的稳定经营机制;二是这种产业组织形式很难协调肉牛产业内部的关系,起不到分析和决策的功能,肉牛的生产、加工、经营常处于无序运行状态,容易出现肉牛产品买卖难的情况;三是这种小规模的、一家一户的小农式肉牛产业形不成群体,难以应用先进的科学技术。

(二)牛肉种类单一,牛肉深加工滞后

由于手工屠宰的方式在我国仍占 60% 以上,因此牛肉制品的加工总量很低,多年来我国的牛肉主要是以未经处理的鲜肉、冷冻牛肉和熟食的形式进行销售。国际上流行的分割冷却肉和低温肉

制品很难见到,而且产品未能进行适当的分类、分级和分割处理,这样既不能为不同的产品找到合适的市场,又不能为消费者提供更多的选择,使产品的价值降低,销量受阻,加工厂利润下降,甚至亏损。熟牛肉大多是由家庭作坊生产,加工方式简单,卫生状况差,品种单一,质量低下。

(三)肉牛饲养技术水平不高

2005 年,我国黄牛存栏量有 1 亿多头,年产肉量只有 711.5 万吨。而美国牛存栏量尚不足 1 亿头,年产肉量为 1 131 万吨,是我国的 1.6 倍。其原因,除了我国黄牛出栏率低外,主要是由于胴体重低的原因。2005 年,世界肉牛平均胴体重为 200.7 千克,日本为 406.5 千克,美国为 331.7 千克,我国只有 135.2 千克,差距非常明显。而且我国屠宰、出栏的肉牛 95% 是由千家万户以分散的饲养方式育肥的。大型肉牛育肥场和饲养场饲养出栏的很少,仅占到 5% 左右。肉牛饲养或肥育过程中,缺少肉牛专用的添加剂预混料。这种饲养方式造成饲料混杂、品种混杂、年龄混杂,其结果是育肥期长、肥育效率低、牛肉的质量差、产品缺乏竞争力。

(四)牛肉的品质相对较低

近年来,我国对肉牛的品种改良虽然在积极地进行,但截至目前,改良肉牛的覆盖率仅为 18%,因此牛肉的总体质量不高,优质牛肉很少。目前,我国牛肉生产主要依靠黄牛,肉牛的比重还很小,来自奶畜的牛肉不到 3%。我国黄牛品种很多,最有代表性的是鲁西牛、秦川牛、南阳牛、晋南牛四大良种,且肉具清香之特色。其他绝大部分黄牛品种普遍体型小、生长速度慢、出肉率低、肌纤维粗,因而不适合作为规模生产的肉牛品种,也不能用来生产高档牛肉。近 10 年来,我国的牛肉产量直线上升,但出口却未能同步增长。2005 年我国的肉牛产品出口量占全球贸易量的比例不到 1%,其中一个非常重要的原因就是质量标准达不到进口国的要求。

三、我国肉牛业未来发展方向

(一)建立健全产业化组织,发展肉牛产业化经营

发展产业一体化经营,是我国肉牛业发展的必由之路。我们通常所说的"公司＋农户"的经营方式,仅仅是肉牛产业化组织的一个微观产业组织,这种微观组织只有通过宏观的产业组织才能充分发挥其职能。因我国经济处在转型时期,政府部门对肉牛产业不再进行组织、管理和调控,而与此同时农民又没有建立和健全属于自己的产业组织,因此肉牛产业的当务之急是立即组织起真正的能够对一个地区或全国的肉牛业提供指导、咨询和信息等服务,并对整个肉牛业发挥监督、管理和调控作用的宏观性组织。宏观组织应该在肉牛的品种、数量、质量、价格和产品的生产、加工、流通、贸易等方面进行宏观监督和调控,在产品标准、规章制度、促销、名牌战略等方面发挥作用。

(二)大力提高我国牛肉的质量

长期以来,国产牛肉中优质牛肉所占比重太小,国内大宾馆、饭店及外资餐厅等所需的牛肉,国内无力供应,只好高价进口;对于一般大众所需的牛肉,也由于肉质老、烹饪费时而食用单调,限制了国人的消费。在国际市场中之所以不能打入西方国家牛肉市场的重要原因之一,也是质量不符合他们的要求,卫生检疫不合格。由此可见,提高牛肉质量是我国肉牛业持续发展的关键。因此,我国肉牛业发展战略需从"资源开发型"向"市场导向型"转变,由过去的"重量轻质"向"重质轻量"方向转变。世界牛肉价格将会上涨,加入世界贸易组织后,我国牛肉出口机遇可望增长,我们要抓住机遇,提高牛肉的综合品质,改变过去只重视产量、忽视质量的错误认识,树立名牌战略,以科技为先导,以市场为导向,努力把我国肉牛业搞上去。

(三)改善和提高我国肉牛的屠宰和加工工艺

我国目前的牛肉屠宰处于一种传统手工生产和半机械化生产

状态。这直接影响了牛肉的色泽,嫩度,口味,营养及卫生安全。据统计,在全国 2 500 个较大的屠宰点中,只有 15 个现代化程度较高。屠宰工艺是提高我国牛肉质量的关键环节。现在发达国家牛肉主要是以冷鲜肉的形式销售,要求屠宰加工必须在现代化的工厂中进行,牛肉的销售必须有必要的冷藏设备,这种加工和销售方式能够确保牛肉的色泽和风味。随着生活水平的提高,人们会逐步认识到冷鲜肉在卫生和营养方面的优越性,购买的方向也将会从目前加工程度较低的鲜肉市场转向加工程度较高的冷鲜肉市场。因此,因地制宜地推进我国肉牛屠宰和销售的现代化建设将是我国肉牛业发展的必经之路。

(四)在全国范围内执行肉牛胴体分级标准

在全国范围内执行统一的肉牛胴体分级标准,可以使牛肉生产者、经营者和消费者对于牛肉的质量达成共识,有利于市场的规范运行,实现优质优价,促进国内肉牛生产和对外贸易的发展。世界发达国家均有自己牛肉质量的系统评定方法和标准。美国早在1916 年就完成了肉牛胴体标准,1927 年首次建立了政府分级体系。日本、韩国、加拿大等国家也都有比较完善的标准,标准的制定对促进这些国家的肉牛业发展起了重要作用。为了加快我国肉牛业的发展,促进牛肉品质的提高,迎接进入世界贸易组织后的机遇,规范牛肉市场,科技部和农业部在"九五"攻关项目中专设了"优质牛肉系统评定方法和标准"专题,旨在制定一个既能与国际接轨又符合中国国情的牛肉分级标准。专题由南京农业大学、中国农业科学院和中国农业大学承担,由周光宏教授主持。通过近5 年时间对上万头牛的调查,对上千头牛的测定分析,并经过反复论证和试验,形成了一个系统的牛肉评定方法和标准,通过了科技部和农业部组织的专家鉴定。目前,所面临的问题是如何在全国范围内统一实施该标准或在该统一标准的框架内制订出各品种的分级标准并执行。

我国肉牛业发展到今天,已经有了一个可观的基础。鉴于我国人多地少的国情,我们不可能像国外那样靠大量饲喂精饲料发展肉牛业。随着农业产业结构调整步伐的加快,农区饲料作物和牧草的种植面积将有较大幅度的增加,肉牛粗饲料特别是规模牛场的粗饲料结构将发生重大变革,肉牛饲养方式随之明显改善,必将促进肉牛业生产规模、生产水平和牛肉质量的提高。我国肉牛业的发展虽然会面临许多挑战,但同时也面临着许多发展机遇,新时期的中国肉牛业必将日益专业化、集约化和标准化。

第二章 肉牛品种

第一节 我国主要黄牛品种

一、秦 川 牛

秦川牛产于陕西省关中地区,与南阳牛、鲁西牛、晋南牛、延边牛共为我国黄牛五大品种。以渭南、临潼、蒲城、富平、大荔、咸阳、兴平、乾县、礼泉、泾阳、三原、高陵、武功、扶风、岐山等15个县、市为主产区。陕西省的渭北高原以及甘肃省的庆阳地区也有少量分布。据1986年统计,总数在60万头左右。

秦川牛属大型役肉兼用品种。毛色有紫红、红、黄3种,以紫红色和红色者居多。鼻镜多呈肉红色。体格大,各部位发育匀称,骨骼粗壮,肌肉丰满,体质健壮,头部方正,肩长而斜,胸部宽深,肋长而开张,背腰平直宽广,长短适中,荐骨部稍隆起。后躯发育稍差。四肢粗壮结实,两前肢间距较宽,有外弧现象,蹄叉紧。

15头6月龄牛的肥育试验,在中等饲养水平下,饲养325天,平均日增重为:公牛700克,母牛550克,阉牛590克。9头18月龄牛的平均屠宰率为58.3%,净肉率为50.5%,胴体产肉率为86.3%,骨肉比为1:6,眼肌面积97平方厘米。秦川牛的肉质细嫩,柔软多汁,大理石状花纹明显。

二、南 阳 牛

产于河南省南阳地区白河和唐河流域的广大平原,以南阳市郊区、唐河、邓县、新野、镇平、社旗、方城等8个县、市为主要产区。许昌、周口、驻马店等地区分布也较多。此外,开封和洛阳等地区有少量分布。据 1982 年统计,全省约有南阳牛 80 万头。

南阳牛属大型役肉兼用品种。体格高大,肌肉发达,结构紧凑,体质结实。皮薄毛细,行动迅速。鼻镜宽,口大方正,角形较多。公牛颈侧多有皱襞,肩峰隆起 8～9 厘米。南阳牛的毛色有黄、红、草白 3 种,以深浅不等的黄色为最多。一般牛的面部、腹下和四肢下部毛色较浅。鼻镜多为肉红色,其中部分带有黑点,黏膜多数为淡红色。蹄壳以黄蜡色、琥珀色带血筋者较多。南阳牛四肢健壮,性情温驯,役用性能强。

南阳牛生长快,肥育效果好,肌肉丰满,肉质细嫩,颜色鲜红,大理石状花纹明显,味道鲜美,肉用性能良好。

南阳地区,多年来已向全国 22 个省、自治区、直辖市提供良种南阳牛 4 550 头,向全国提供种牛 17 000 多头,杂交效果较好,杂种牛体格大,结构紧凑,体质结实,生长发育快,采食能力强,耐粗饲,适应本地生态环境,鬐甲较高,四肢较长,行动迅速,役用能力好,毛色多为黄色,具有父本的明显特征。

三、鲁　西　牛

主要产于山东省西南部的菏泽、济宁地区,即北至黄河,南至黄河故道,东至运河两岸的三角地带。产于聊城地区南部和泰安地区西南部的鲁西牛,品质略差。目前产区约有鲁西牛 50 万头。

鲁西牛体躯结构匀称,细致紧凑,具有较好的肉役兼用体型。公牛多为平角或龙门角;母牛角形多样,以龙门角较多。垂皮较发达,后躯发育较差。被毛从浅黄色至棕红色都有,一般牛前躯毛色较后躯为深,多数牛有完全或不完全的三粉特征,即眼圈、口轮、腹下到四肢内侧色淡,鼻镜与皮肤多为淡肉红色。多数牛尾帚毛与体毛颜色一致,少数牛在尾帚长毛中混生白毛或黑毛。鲁西牛体型高大,体躯较短,胸部发育好,骨骼细致,管围指数小,屠宰率较高。

鲁西牛体成熟较晚,当地群众有"牛发齐口"之说,一般牛多在齐口后才停止发育。其性情温驯,易管理。在加少量麦秸、每日补喂 2 千克精饲料(豆饼 40％、麸皮 60％)的条件下,对 1～1.5 岁牛进行肥育,平均日增重 610 克。一般屠宰率为 53％～55％,净肉率为 47％。据菏泽地区对 14 头肥育牛的屠宰测定,18 月龄 4 头公牛和 3 头母牛的平均屠宰率为 57.2％,净肉率为 49％,骨肉比为 1：6,脂肪比为 1：42.3,眼肌面积为 89.1 平方厘米。成年牛(4 头公,3 头母)的平均屠宰率为 58.1％,净肉率为 50.7％,骨肉比为 1：6.9,脂肪比为 1：37,眼肌面积为 94.2 平方厘米。肉用性能良好。皮薄骨细,产肉率较高,肌纤维细,脂肪分布均匀,呈明显的大理石状花纹。远销香港与其他国家,很受国内外市场的欢迎。

鲁西牛繁殖能力较强。母牛性成熟早,公牛性成熟较母牛稍晚,一般 1 岁左右可产生成熟精子,2～2.5 岁开始配种。自有记载以来,鲁西牛从未流行过焦虫病,有较强的抗焦虫病能力。鲁西牛对高温适应能力较强,对低温适应能力则较差。

四、晋 南 牛

产于山西省西南部汾河下游的晋南盆地,包括万荣、河津、临猗、永济、运城、夏县、闻喜、芮城、新绛、侯马、曲沃、襄汾等县市。据 1981 年统计,有晋南牛约 30 万头,其中以万荣、河津和临猗 3 县的数量最多、质量最好。

晋南牛属大型役肉兼用品种。毛色以枣红色为主,鼻镜和蹄趾多呈粉红色。晋南牛体格粗壮,胸围较大,体较长,胸部及背腰宽阔,成年牛前躯较后躯发达。

晋南牛属于晚熟品种,6 月龄以内的哺乳犊牛生长发育较快,6 月龄至 1 岁生长发育减慢,日增重明显降低。晋南牛的产肉性能良好,平均屠宰率为 52.3％,净肉率为 43.4％。

晋南牛用于改良我国一般黄牛,效果较好。从对山西本省其他黄牛改良的情况看,改良牛的体尺和体重都大于当地牛,体型和毛色也酷似晋南牛,表明晋南牛的遗传相当稳定。

五、延边牛

主要产于吉林省延边朝鲜族自治州的延吉、和龙、汪清、珲春及毗邻各县,分布于黑龙江省的牡丹江、松花江、合江流域的宁安、海林、东宁、林口、汤原、桦南、桦川、依兰、勃利、五常、尚志、延寿和通河等地以及辽宁省宽甸县沿鸭绿江一带朝鲜族聚居的水田地区。据1982年统计,有延边牛约21万头。

延边牛属寒温带山区的役肉兼用品种。体质结实,适应性强。胸部深宽,骨骼坚实,被毛长而密,皮厚而有弹力。毛色多呈浓淡不同的黄色,鼻镜一般呈淡褐色,带有黑斑点。成年牛的体尺、体重较大,是我国的大型牛之一。

在较好的饲料条件下,18月龄公牛经180天肥育,宰前体重460.7千克,胴体重265.8千克,屠宰率为57.7%,净肉率为47.2%,平均日增重813克,眼肌面积约75.8平方厘米。延边牛的肉质柔嫩多汁,鲜美适口,大理石状花纹明显。

六、蒙古牛

原产于蒙古高原。广布于内蒙古、黑龙江、新疆、河北、山西、陕西、宁夏、甘肃、青海、吉林和辽宁等省、自治区。据1984年统计,总数约300万头。

蒙古牛既是种植业的主要动力,又是部分地区汉、蒙等民族奶和肉食的重要来源,在长期不断地进行人工选择和自然选择的情况下,形成了现在的品种。蒙古牛短宽而粗重,角长,向上前方弯曲,呈蜡黄色或青紫色,角质致密有光泽。肉垂不发达。鬐甲低下,胸扁而深,背腰平直,后躯短窄,尻部倾斜。四肢短,蹄质坚实。从整体看,前躯发育比后躯好。皮肤较厚,皮下结缔组织发达。毛色多为黑色或黄色。由于蒙古牛处在寒冷风大的气候条件下,使其形成了胸深、体矮、胸围大、体躯长、结构紧凑的肉乳兼用体型。

蒙古牛的产肉性能受营养影响很大。中等营养水平的阉牛平均宰前体重 376.9±43.1 千克,屠宰率为(53±2.8)％,净肉率(44.6±2.9)％,骨肉比为 1：5.2,眼肌面积为 56±7.9 平方厘米。

蒙古牛有两个优良类群。一个类群是乌珠穆沁牛,是在锡林郭勒盟乌珠穆沁草原肥美的水草条件下,蒙古族牧民长期人工选择形成的,具有体质结实、适应性强等特点,以肉质好、乳脂率高等性状而著称。1982 年已发展到 19 万头。乌珠穆沁牛的肉用性能:2.5 岁阉牛肥育 69 天,宰前体重 326 千克,屠宰率为 57.8％,净肉率为 49.6％,眼肌面积为 40.5 平方厘米;3.5 岁阉牛肥育 71 天,宰前体重 345.5 千克,屠宰率为 56.5％,净肉率为 47％,眼肌面积为 52.9 平方厘米。另一类群是安西牛,长期繁衍在素有"世界风库"之称的甘肃省安西县,约有 8.6 万头。未经肥育的 10 岁安西阉牛,屠宰率为41.2％,净肉率为 35.6％。

七、武陵牛

产于娄山山系、武陵山系和大娄山系以北地带。与产于湖北的恩施牛、湖南的湘西牛和贵州的思南牛来源相同,生态条件基本一致,体型外貌亦极相似,应属同种异名,故予归并,并取名为武陵牛。湘西牛主产于凤凰、大庸、花垣、桑植、永顺、慈利 6 县,其中以凤凰和大庸两县黄牛品质较好,计有 24 万余头;在黔东北主要产于思南、石阡、沿河、务川、德江、道真、正安 7 县,加上其他分布地区约有 60 万余头;在鄂西南主要产于恩施地区,计有 30 万余头。武陵牛总数为 115 万余头。

武陵牛体躯较长,中躯结构紧凑,胸部发育好,骨骼相对较细,角形不一。尻斜,四肢强健,后肢飞节内靠,蹄形端正,蹄质坚实,以黑色"铁蹄"属多。尾较长。全身毛色以黄色最多,占 60％～70％,栗色、黑色次之,一般体躯上部色深,腹下及四肢内侧毛色较浅。角有黑、灰黑、乳白、乳黄等色。据 1981 年湘、鄂、黔 3 省的《牛品种志》编写组报道,巫陵牛为南方山区小型黄牛,具有山地黄牛体态结构。据测定,膘情中上、体重187.5千克、2.5岁青年母牛2头,屠宰率为51.5%,净肉率为39.7%,眼肌面积为50.1平方厘米,骨肉比为1:4.1。4～4.5岁公牛,膘情中等,体重344.7千克,屠宰率为50.1%,净肉率为40.1%,眼肌面积为58.6平方厘米,骨肉比为1:5.1。

第二节　我国培育的主要肉牛品种

一、三 河 牛

三河牛是我国培育的第一个乳肉兼用品种,是用蒙古牛和许多外来品种牛,如黑白花牛、西门塔尔牛等杂交选育而成的。原产于内蒙古自治区呼伦贝尔大草原,因主要集中在额尔古纳旗的三河地区(根河、得勒布尔河、哈布尔河)而得名。

三河牛体格高大结实,肢势端正,四肢强健,蹄质坚实。有角,角稍向上、向前方弯曲,少数牛角向上。乳房大小中等,质地良好,乳静脉弯曲明显,乳头大小适中,分布均匀。毛色为红(黄)白花,花片分明,头白色,额部有白斑,四肢膝关节下部、腹部下方及尾尖为白色。成年公、母牛的体重分别为1 050千克和547.9千克,体高分别为156.8厘米和131.8厘米。

产奶性能差异较大,一般年产奶量为1 800～3 000千克,在较好的饲养条件下,可达4 000千克。乳脂率4%左右。在一般饲养条件下屠宰率为50%～55%,净肉率为44%～48%,肉质良好。后躯发育欠佳。

三河牛耐寒、耐粗饲、易放牧,能够适应寒冷地区粗放饲养管理条件,在内蒙古产区,以及自然条件类似内蒙古呼伦贝尔盟的地区,都应当大力发展这一品种。它既能在冬季饮用冰水,也能在夏季烈日直射之下长时间放牧,且抗蚊虻叮吸的能力比荷斯坦奶牛强。三河牛对高温、潮湿的亚热带气候不能适应。

二、草原红牛

草原红牛主产于吉林省白城地区西部、内蒙古自治区昭乌达盟和锡林郭勒盟南部以及河北省的张家口地区。是我国较早育成的乳肉兼用牛之一,是短角牛与蒙古牛长期杂交而育成的。

草原红牛毛色以紫红色为主,红色次之,此外还有沙毛的,少数个体胸、腹、乳房部位为白色。头清秀,角细短,向上方弯曲,蜡黄色,有的无角。颈肩结合良好,胸宽深,背腰平直,后躯不发达。四肢端正,蹄质结实。乳房发育良好。成年公牛体高为137.3厘米左右,体重为760千克左右;成年母牛体高为124.2厘米左右,体重为453千克左右。

在短期肥育条件下,3.5岁犍牛(阉过的公牛)在499.5千克时屠宰,屠宰率为52.7%,净肉率为44.2%。在放牧加补饲条件下,年平均产奶量为1800~2000千克。母牛并非长年发情,一般在4月份开始发情,6~7月份为旺季。

在夏季酷热干燥,多蚊虫,冬季严寒的条件下能够适应,并且有很好的生产表现。自然放牧条件下,营养条件不足,繁育群仍有相当好的经济性状。该牛种是肉牛繁育的良好配套系之一。

三、科尔沁牛

科尔沁牛原产于内蒙古自治区东部的科尔沁草原,并因此而得名。科尔沁牛是以西门塔尔牛为父本,蒙古牛、三河牛以及蒙古牛的杂种母牛为母本,采用育成杂交方法培育而成,已有30多年的历史。

科尔沁牛被毛为黄(红)白花,白头,体格粗壮,体质结实,结构匀称,胸宽深,背腰平直,四肢端正,后躯及乳房发育良好,乳头分布均匀。成年公牛体重965千克左右,母牛496千克左右。

科尔沁牛在长年放牧加短期补饲的情况下,18月龄的屠宰率为53.43%,36月龄时达57.33%,其净肉率分别为41.93%和

47.57%。经短期强度肥育,屠宰率为 61.7%,净肉率为 51.9%。母牛 280 天产奶 3 200 千克左右,乳脂率为 4.17%,高产牛可达 4 643 千克。

科尔沁牛适应性强、耐粗饲、耐寒、抗病力强、易于放牧,是牧区比较理想的一种乳肉兼用品种。

四、新疆褐牛

新疆褐牛主要产于新疆伊犁地区和塔城地区。是用瑞士褐牛和含有瑞士褐牛血统的阿拉塔尔乌牛与当地哈萨克牛长期杂交而育成的一个乳肉兼用品种。

新疆褐牛体质健壮,肌肉丰满,结构匀称。头部清秀,牛角向前上方弯曲,呈半椭圆形,角尖稍直,呈深褐色。全身被毛呈深浅不一的褐色。头顶、角基部、嘴巴周围和背线呈灰白色或浅黄白色。眼睑、鼻镜、尾尖和蹄壳呈深褐色。背腰平直,胸部宽深,蹄质结实,乳房发育良好。成年公牛体高 144 厘米左右,体重 950 千克左右;成年母牛相应为 121 厘米左右和 430 千克左右。

新疆褐牛产肉性能在放牧条件下,中上等膘情的 1.5 岁阉牛,胴体重 111.5 千克,屠宰率 47.4%;成年公牛胴体重 230 千克,屠宰率 53.1%,眼肌面积可达 76.6 平方厘米。产奶量因饲养条件不同而有差异,在全年放牧条件下 298 天产奶量 3 000 千克,舍饲条件下,成年牛 305 天产奶量为 3 400 千克左右,乳脂率为 4%以上。

新疆褐牛适应性好,放牧性能很强,能在海拔 2 500 米、坡度 25°的山地草场上放牧;也可在 −40℃、雪深 20 厘米的冬季草场上放牧。耐粗饲,采食力强,是在牧区培育的优良品种。

五、夏 南 牛

夏南牛是以法国夏洛来牛为父本,以我国地方良种南阳牛为母本,经导入杂交、横交固定和自群繁育 3 个阶段的开放式育种,培育而成的肉牛新品种。2007 年 1 月 8 日在原产地河南省泌阳县通过国家畜禽遗传资源委员会牛专业委员会审定。2007 年 5 月 15 日在北京通过国家畜禽遗传资源委员会的审定。2007 年 6 月 16 日农业部发布第 878 号公告,宣告中国第一个肉牛品种——夏南牛诞生。

夏南牛体质健壮,性情温驯,适应性强,耐粗饲,采食速度快,易肥育;抗逆力强,耐寒冷,耐热性稍差;遗传性能稳定。夏南牛毛色为黄色,以浅黄色、米黄色居多。公牛头方正、额平直,母牛头部清秀、额平稍长;公牛角呈锥状、水平向两侧延伸,母牛角细圆、致密光滑、稍向前倾。耳中等大小、颈粗壮、平直,肩峰不明显。成年牛结构匀称,体躯干呈长方形;胸深肋圆,背腰平直,尻部宽长,肉用特征明显;四肢粗壮,蹄质坚实,尾细长。成年母牛乳房发育良好。成年公牛体高 142.5±8.5 厘米,体重 850 千克左右;成年母牛体高 135.5±9.2 厘米,体重 600 千克左右。

夏南牛生长发育快。在农户饲养条件下,公、母犊牛 6 月龄平均体重分别为 197.35±14.23 千克和 196.5±12.68 千克,平均日增重分别为 0.88 千克和 0.88 千克;周岁公、母牛平均体重分别为 299.01±14.31 千克和 292.4±26.46 千克,平均日增重分别达 0.56 千克和 0.53 千克。体重 350 千克的架子公牛经强度肥育 90 天,平均体重达 559.53 千克,平均日增重可达 1.85 千克。夏南牛肉用性能好。据屠宰试验,17～19 月龄的未肥育公牛屠宰率 60.13%,净肉率 48.84%,肌肉剪切值 2.61,肉骨比 4.8:1,优质肉切块率 38.37%,高档牛肉率 14.35%。

夏南牛耐粗饲,适应性强,舍饲、放牧均可,在黄淮流域及其以北的农区、半农半牧区都能饲养。具有生长发育快、易肥育的特点,深受肥育牛场和广大农户的欢迎,大面积推广应用有较强的价格优势和群众基础。夏南牛适宜生产优质牛肉和高档牛肉,具有广阔的推广应用前景。

第三节　牦牛和水牛

一、牦　牛

　　牦牛是生息在我国海拔 2 000～5 000 米高山草原上的一种特有家畜,是世界屋脊上的一个稀有牛种。据统计,1981 年底我国约有牦牛 1 300 万头,居世界首位。

　　牦牛在我国西南、西北地区饲养历史悠久,若干世纪以来,当地人民(主要是藏族)依靠牦牛耕耘、运载,生产乳、肉、毛、皮,是与人们衣、食、住、行息息相关的生产和生活资料。牦牛在这些地区的种植业、轻工业、交通运输业和满足人民生活需要等方面都具有十分重要的意义。

　　牦牛俗称"万能种",通常为乳、肉、毛、皮,役力兼用。牦牛肉呈深鲜红色,蛋白质含量高、为 21.6%,脂肪含量低、为 1.6%～4.7%,是藏医作食疗的壮补剂。牦牛毛是我国传统特产,畅销国内外,其中以白牦牛毛最为贵重。近几年来,牦牛绒毛已成为新型优质毛纺原料,弹性、光泽、手感等指标胜过"开司米"。

　　我国的牦牛有九龙牦牛、青海高原牦牛、天祝白牦牛、麦洼牦牛、西藏高山牦牛等品种,主要分布于青藏高原、四川省的甘孜州以及甘肃省的天祝县等高寒环境中。

二、水　牛

　　水牛可分为两种不同类型,即沼泽型和河流型。我国水牛主要分布在淮河以南的水稻产区,属于沼泽型水牛。近年来水牛的数量不断增加,分布地区不断向北扩大,北至山东省的临沂、莒县,河南省的信阳,陕西省的商南、宁陕、汉中、城固、周至、眉县,南到海南省,东至台湾省,西至四川省的康定,云南省的盈江。1980 年底总头数为 1 985 万头,比新中国成立前增加 1 倍,仅次于印度,居世界第二位,1994年增加至2 291.3万头。

　　水牛是南方各地从事农业生产的主要畜力,素以力大耐劳著称,除耕田、耙地外,还从事其他繁重劳役,如挽车,戽水,拉磨等。水牛也有很好的产肉性能,在营养水平较低的牧饲条件下,增重效果仍很好。用2~3岁的公牛2头、母牛10头,在全放牧饲养条件下,饲养120天,公牛平均日增重960.5克,母牛平均日增重516.5克。用2岁龄公牛阉割后进行肥育,试验期平均日增重640克,每千克增重耗精料3.4千克,屠宰率为48.5%,净肉率为36.9%,脂肪率为5.41%,骨肉比为1∶3.8。肌肉颜色为暗红色,脂肪为白色,肌肉纤维较黄牛略粗,味亦鲜美。肉的化学成分为水分75.57%,粗蛋白质22.01%,粗脂肪1.56%,粗灰分0.86%,蛋白质略高于黄牛。

　　水牛的放牧性能好,对粗饲料的利用能力强,不择草,能采食很矮或匍匐在地面的牧草,采食速度快,容易吃饱。在初夏牧草旺盛的季节放牧50~90分钟即停止采食,进行反刍,一般在越冬后转入放牧期即显著增膘。冬季如牛舍保温条件良好,栏内清洁干燥,牛体无虱无癞,下雪期饮温热水,即使只喂稻草、不补喂精饲料也可以保膘过冬。对水牛进行消化试验的结果是:对稻草中粗纤维的消化率为62.1%,对杂草中粗纤维的消化率为56.9%。

　　水牛的汗腺不及其他家畜发达,在气温较高或使役后,喜欢浴水,借此调节体温。夏、秋放牧时,常见水牛滚一身泥,以防蚊、蝇的叮咬。水牛性情温驯,便于管理,广大农村都以老人或体弱者饲养管理水牛,五六岁的儿童即可牵牧或骑乘放牧。

第四节　引进的主要肉牛品种

一、夏洛莱牛(Charolais)

　　夏洛莱牛原产于法国。该牛以生长快、肉量多、体型大、耐粗放而受到国际市场的欢迎,早已输往世界许多国家,参与新型肉牛品种的育成、杂交繁育,或在引入国进行纯种繁殖。该牛是经过长期严格的本品种选育育成的专门化大型肉用品种,骨骼粗壮,体力强大,后躯、背腰和肩胛部的肌肉发达。我国 1965 年开始从法国引进,至 1980 年初共引入 270 多头种牛,分布在 13 个省、自治区、直辖市,现已发展到 400 多头,用来改良当地黄牛,效果良好。

夏洛莱牛的最大特点是生长快。在我国的饲养条件下,犊牛初生重公犊为 48.2 千克,母犊为 46 千克,初生到 6 月龄平均日增重为 1.168 千克,18 月龄公犊平均体重为 734.7 千克。增重快,瘦肉多,平均屠宰率可达 65%～68%,肉质好,无过多的脂肪。

夏洛莱牛有良好的适应能力,耐寒抗热,冬季严寒不夹尾、不弓腰、不拘缩,盛夏不热喘流涎,采食正常。夏季全日放牧时,采食快,觅食能力强,全日纯采食时间为 78.3%,采食量为 48.5 千克。在不额外补饲条件下,也能增重上膘。

夏杂一代具有父系品种特色,毛色多为乳白色或草黄色,体格略大,四肢坚实,骨骼粗壮,胸宽尻平,肌肉丰满,性情温驯,耐粗饲,易于饲养管理。夏杂一代牛生长快,初生重大,公犊为 29.7 千克,母犊为 27.5 千克。在较好的饲养条件下,24 月龄体重可达 494.09±30.31 千克。

二、利木赞牛(Limousin)

利木赞牛又称利木辛牛,原产于法国,是大型肉用品种。其毛色多为一致的黄褐色,角和蹄白色。被毛浓厚而粗硬,有助于抗拒严酷的放牧条件。利木赞牛全身肌肉发达,骨骼比夏洛来牛略细。成年公牛活重 900～1 100 千克,母牛 700～800 千克,一般较夏洛来牛小。

利木赞牛最引人注目的特点是产肉性能高,胴体质量好,眼肌面积大,前、后肢肌肉丰满,出肉率高,在肉牛市场上很有竞争力。在集约饲养条件下,犊牛断奶后生长很快,10 月龄时体重达 408

千克,12 月龄时 480 千克左右。肥育牛屠宰率为 65％左右,胴体瘦肉率为 80％～85％。胴体中脂肪少(10.5％),骨量也较小(12％～13％)。该牛肉风味好,市场上售价高。8 月龄小牛肉就具有良好的大理石状花纹。

同其他大型肉牛品种相比,利木赞牛的竞争优势在于犊牛初生体格较小、生后的快速生长能力以及良好的体躯长度和令人满意的肌肉量(出肉率)。利木赞牛适应性强,体质结实,明显早熟,补偿生长能力强,难产率低,很适宜生产小牛肉。因而在欧美不少国家的肉牛业中受到关注,且被广泛用于经济杂交来生产小牛肉。

1974 年和 1993 年,我国数次从法国引入利木赞牛,在河南、山西、内蒙古、山东等地改良当地黄牛。利杂牛体型有改善,肉用特征明显,生长强度增大,杂种优势明显。

三、海福特牛(Hereford)

海福特牛原产于英国,是英国最古老的早熟中型肉牛品种之一。其特点是生长快、早熟易肥、肉品质好、饲料利用率高。我国1965 年后陆续从英国引进,据 17 个省、自治区、直辖市统计,现有312 头。

海福特牛体格较小,骨骼纤细,具有典型的肉用体型,头短,额宽,角向两侧平展,且微向前下方弯曲,躯干呈矩形,四肢短,毛色主要为浓淡不同的红色,并具有"六白"(即头、四肢下部、腹下部、颈下、鬐甲和尾帚出现白色)的品种特征。

海福特牛肥育年龄早,增重较快,饲料利用率高。7～12 月龄育成期的平均日增重,公牛为 0.98 千克,母牛为 0.85 千克,每千克增重耗混合精料 1.23 千克,干草 4.13 千克。肉用性能良好,一般屠宰率可达 67％,净肉率为 60％,脂肪主要沉积于内脏,皮下结缔组织和肌肉间脂肪较少,肉质柔嫩多汁,味美可口。海福特牛性情温驯,合群性强,耐热性较差,抗寒性强。

海福特牛具有结实的体质,耐粗饲,不挑食,放牧时连续采食,很少游走。全日纯采食时间可达 79.3%,而一般牛仅为 67%;日采食量达 35 千克,而本地牛仅为 21.2 千克。海福特牛很少患大病,但易患裂蹄病和蹄角质增生病。

海福特牛与我国黄牛杂交,所生一代杂种牛父性遗传表现明显,为红白花或褐白花,半数一代杂种牛还具有"六白"特征。杂种牛四肢较短,身低躯广、呈圆筒形,结构良好,肌肉发达,偏于肉用型。杂种牛生长发育快,杂交效果显著,一代杂种阉牛平均日增重 988 克,18~19 月龄屠宰率为 56.4%,净肉率为 45.3%。

四、安格斯牛(Angus)

安格斯牛原为英国三大无角品种牛之一,是世界著名的小型早熟肉牛品种。

安格斯牛外貌的显著特点是全身被毛黑色而无角,体躯低矮呈圆筒状,体质结实,具有现代肉牛的体型,四肢短而直,前后裆宽,全身肌肉丰满,皮肤松软而富弹性。

安格斯牛肉用性能好,被认为是世界上专门化肉牛品种中的典型品种之一,表现为早熟、胴体品质高、出肉多,屠宰率一般为 60%~65%,哺乳期日增重 900~1 000 克,肥育期日增重(1.5 岁以内)平均为 0.7~0.9 千克。肌肉大理石状花纹好。适应性强,耐寒抗病。

五、西门塔尔牛(Simmental)

西门塔尔牛原产于瑞士,是大型乳、肉、役三用品种。自 1957 年起我国分别从瑞士、西德引入西门塔尔牛,分布于黑龙江、内蒙古、河北、山东、浙江、湖南、四川、青海、新疆和西藏等 26 个省、自治区。至 1994 年底,全国共有纯种西门塔尔牛 30 000 余头,西门塔尔改良牛 800 万余头。由于分布地区自然条件各异,农副产品和草地植被差别极大,饲养管理水平很不一致。西门塔尔牛耐粗放,适应性很强。

西门塔尔牛属宽额牛,角为左右平出、向前扭转、向上外侧挑出。西门塔尔牛属欧洲大陆型肉用体型,体表肌肉群明显易见,臀部肌肉充实,股部肌肉深,多呈圆形。毛色为黄白花或红白花,身躯常有白色胸带,腹部、尾梢、四肢在飞节和膝关节以下为白色。

西门塔尔牛在培育阶段生长良好,13～18月龄青年母牛,平均日增重达505克。青年公牛在此阶段的平均日增重为974克。杂种牛的适应性明显优于纯种牛。1982年初对西门塔尔杂种牛进行肥育试验,用一代和二代阉牛做45天肥育对比,于1.5岁时屠宰,平均日增重:一代牛为864.1±291.8克,二代牛为1134.3±321.9克。另外从6月初至9月末的4个月放牧试验表明,一代西杂阉牛平均日增重为1 085克。

六、短角牛(Shorthorn)

短角牛原产于英国,有肉用和乳肉兼用两种类型。我国自1920～1974年以来约引入100余头,主要分布于内蒙古自治区、吉林省的西部和河北省的张家口等地区。

短角牛四肢较短,躯干长,被毛卷曲,多数呈紫红色。大部分都有角,角型外伸、稍向内弯、大小不一。颈短粗厚。胸宽而深,胸围大,垂皮发达。

由于短角牛性情温驯,不爱活动,尤其放牧吃饱后常卧地休息,因此上膘快,如喂精饲料,则易肥育,肉质较好。对18月龄肥育牛屠宰测定,平均日增重614克,宰前体重为396.12±26.4千克,胴体重206.35±7.42千克,屠宰率为55.9%,净肉重174.25±6.8千克,净肉率为46.4%,骨重占胴体重的9.51%。眼肌面积为82平方厘米。

短角牛对不同的风土、气候较易适应,耐粗饲,发育较快,成熟较早,抗病力强,繁殖率高。

利用短角牛公牛与吉林、内蒙古、河北和辽宁等省、自治区的蒙古母牛杂交,在产肉性能及体格增大方面都已得到显著效果,并在杂交的基础上培育成草原红牛新品种。

七、丹麦红牛（Danish Red）

丹麦红牛原产于丹麦，是乳肉兼用品种。1984年底，我国从丹麦首次引入该牛30多头。

丹麦红牛生长快，肉品质好，体质结实，适应性和抗病能力强，被毛呈一致的紫红色，部分牛的腹部、乳房和尾帚部生有白毛。该牛躯干宽度良好，背较长而宽，后躯宽而丰满，四肢结实，姿势良好，与其他乳肉兼用品种比较，属中等偏大类型。成年牛平均活重公牛1 000～1 300千克，母牛为650千克。公牛1岁内平均日增重为1.1千克，2岁龄内平均达0.9千克以上，屠宰率为54%～57%；胴体瘦肉率为65%，脂肪含量17%，骨重占胴体重的18%。

该牛引入我国以后，改良辽宁、陕西、河南、甘肃、宁夏、内蒙古、福建等省、自治区的当地黄牛，取得了可喜结果。杂种牛毛色紫红，体格增大，体型改善，性情温驯，抗逆性强，易养，经济效益显著提高，很受农民欢迎。另外，杂种牛的生长速度和肉用性能也有明显提高。

八、德国黄牛（Beef Yellow Cattle Of Germany）

德国黄牛原产于德国和奥地利。德国黄牛最早是从役用、肥育性能方面进行选育，以后又集中选育产乳性能，最后育成了体重大、比较早熟的乳肉兼用牛。近年来，该牛趋向纯肉用选育，逐渐形成了现在的德国黄牛。德国黄牛毛色为黄色或棕黄色，眼圈周围颜色较浅。体躯长而宽阔，胸深，背直，四肢短而有力，后躯发育好，全身肌肉丰满，蹄质坚实、呈现黑色。

母犊初生重38千克，公犊42千克，难产率极低。去势小公牛肥育后，18月龄活重达600～700千克。公牛500日龄活重为537千克，141～500日龄平均日增重为1.16千克。该牛增重快，屠宰率高、平均为63.7%，净肉率56%以上。另外，德国黄牛的乳用性能好,母牛年产奶量可达 4 164 千克,乳脂率 4.15%。

德国黄牛性情温驯,易于管理,耐粗饲,适用范围广,具有一定的耐热性和抗蜱性。甘肃省畜牧兽医研究所曾在甘肃平凉崆峒区做试验,结果证明,在干旱与半干旱的温带气候下,德国黄牛与本地黄牛杂交产生的下一代,无论在夏季耐热、抗蜱性,还是在冬季抗寒性方面均好于本地黄牛,不仅抗病能力强,而且耐粗饲。

九、皮埃蒙特牛(Piedmontese)

皮埃蒙特牛原产于意大利北部的皮埃蒙特地区。皮埃蒙特牛是一个比较古老的牛品种,它原来是一个役用牛品种。后来,由于人们对牛肉需求量的日益增加,意大利从 20 世纪 60 年代开始对该牛进行选育,经过几十年的努力,逐渐形成了产肉性能比较好的皮埃蒙特牛。

皮埃蒙特牛被毛为灰白色或乳白色,初生犊牛为浅黄色,逐渐变成白色。鼻镜、眼圈、肛门、阴门、耳尖以及尾梢等部位为黑色。皮埃蒙特牛体型较大,体躯看起来呈圆筒状,胸部、腰部、尾部和大腿部肌肉发达,皮薄骨细。角尖为黑色。

皮埃蒙特牛早期生长速度快,皮下脂肪含量比较少,肉用生产性能十分突出。屠宰率高、一般为 65%～70%,瘦肉率为 84.1%,眼肌(也就是牛背部的背最长肌)面积为 98.3 平方厘米。肉质鲜嫩,弹性好。皮埃蒙特牛作为乳肉兼用品种,产奶性能也较好,1个泌乳期可产奶 3 500 千克左右。

皮埃蒙特牛能适应各种环境,既可在海拔 1 500～2 000 米的山地牧场放牧,也可在夏季较炎热的地区舍饲喂养。

第五节　不同地区黄牛改良方向

牛的改良方向,要根据当地的自然、生态条件和国民经济发展的需要确定。随着农业机械化的发展,应该做好耕牛向肉牛或兼用牛、奶牛方向的转化工作。从全国讲,应以乳肉役兼用为主;交通不方便的地区可发展肉牛或乳肉兼用牛;大中城市郊区、工矿区、城镇周围要发展奶牛。

一、农　区

如中原肉牛带、东北肉牛带和华南肉牛带,有大量农作物秸秆,自然资源丰富,还有大量农副产品可利用。饲养方式基本上是长年舍饲,少数地区青饲料季节或秋收后放牧。有些地区黄牛在耕作动力上占有较大比重,故在改良方向上,应适当照顾役用。但从长远看,应逐步向肉役或乳肉役兼用过渡。在保种区可通过本品种选育办法,增大其体型,逐步提高肉用生产性能;在非保种区可适当导入外血,提高其早熟性和增重速度,提高其商品率,增加农民的收入。其他地区的小型黄牛则可引用国内良种黄牛(如秦川牛、南阳牛、鲁西牛、延边牛等)或外国品种公牛进行二元或三元杂交,培育肉役或乳肉兼用品种,以适应国民经济发展的需要,满足人民生活提高后对乳肉及皮等产品的需要。

二、牧　区

草原面积宽广,但植被好坏差别很大,气候十分严峻,饲养方式以放牧为主;当地居民素有饮奶、吃肉的习惯,黄牛主要供乳用和肉用,很少担负劳役。因此,对内蒙古除乌珠穆沁牛以本品种选育为主,或适当导入欧系乳肉兼用型黑白花牛血液,以提高其生产性能外其他地区可引用西门塔尔牛、兼用型短角牛或丹麦红牛等乳肉兼用品种进行改良,培育乳肉兼用品种。内蒙古自治区和黑龙江省的三河牛、内蒙古草原红牛和新疆褐牛等乳肉兼用品种牛,已经有相当的数量,应进行本品种选育。

三、半农半牧区

饲养方式特点是既有一定面积的草场可供放牧,也有较多的农副产品、作物秸秆补饲。这类地区的黄牛多属蒙古牛类型,其改良方向可与内蒙古自治区、河北、吉林三省培育的草原红牛一致,用兼用型短角牛、丹麦红牛或西门塔尔牛进行改良,培育乳肉兼用品种。

四、丘陵山区

该地区丘陵多,地势不平,地形复杂,梯田面积较大,草山草坡也很多,海拔高低不一,有浅山、深山之分,多数地区交通不便,黄牛体型较矮小,多以小群放牧为主。当地牛对粗放的饲养管理和生态条件有较强的适应能力,抗病能力强,善于爬坡,行速较快,动作灵活,水旱田均能耕作,挽力颇大。因此,丘陵山区一些地方优良黄牛品种(如武陵牛),在当地适应性强,故在一定范围内,还应以本品种选育为主,适当导入外血。浅山区可引用我国优良品种黄牛或中型外国品种公牛进行改良,向肉役或乳肉方向发展。深山区由于交通更为不便,多数未通汽车,则应以本品种选育为主,增大体型,逐步提高其产肉性能。利用深山草原的优良条件,进行放牧肥育;或在枯草期移地进行短期肥育,然后屠宰上市。

五、城市郊区与工矿区

这些地区的特点是人口集中,生活水平比农村高,对奶的需要量大;工农业副产品多,饲料条件较好,应以乳用为主,大力发展高产的荷斯坦牛(即黑白花牛)。在南方热带及亚热带地区,则应引进新西兰的黑白花牛进行纯种繁殖,供应大城市鲜奶;在城市周边地区,可用新西兰黑白花牛对当地黄牛进行改良,培育适应于当地自然、气候条件的乳用或乳肉兼用品种。

第三章 肉牛的生长发育和选择技术

第一节 肉牛生长发育的一般规律

一、生长发育概念

有机体从受精卵开始到生长成熟,细胞数量不断增加,体积不断增大,体重增加的过程,称为生长。这一过程发生在牛成年期以前的整个时期,但不同的阶段,生长的速度和强度不同。发育是指有机体的细胞经过一系列各种不同的生物化学变化形成各种不同的细胞,这一过程是以细胞分化为基础的细胞功能变化,结果产生的是各种不同的组织器官。发育主要发生在胚胎早期。可见生长和发育是两个不同的概念,但二者不是截然分开,而是彼此紧密相连的。生长伴随着物质的积累,改变了各细胞间的相互关系,从而引起质变,给发育创造物质条件;而发育在消耗了生长过程中所积累的物质形成各种组织器官后,又刺激机体进一步生长。

二、生长发育的度量和计算

育种和生产上为了便于管理,根据需要一般对牛初生和出生后 6 月龄、12 月龄、18 月龄、24 月龄、36 月龄、48 月龄和 60 月龄的体重和体尺进行称测、统计,来计算牛不同时期的生长速度和强度。生长的计算方法一般有以下三种。

(一)累积生长

任何时候称重所得的体重、体尺数值都是代表在该测定以前生长发育的总累积,所以称累积生长。如初生重、断奶重、12 月龄体重、24 月龄体重、成年牛体重等。由各个时期累积生长值绘制的曲线称生长曲线,它不仅可以使我们了解牛生长发育是否达到正常水平,而且可以做品种间、杂交组合间的比较。

(二)绝对生长

绝对生长是一定时间内的生长量,它显示一段时间内牛生长的速度。计算公式为:

$$G=(W_1-W_0)/(t_1-t_0)$$

式中 G 代表绝对生长;W_0 为上次测定的累积生长值;W_1 为本次测定的累积生长值,t_0 为上次测定的时间,t_1 为本次测定的时间。日增重就是绝对生长的代表值之一。

(三)相对生长

相对生长用来表示生长发育的强度,它是用一段时间内的绝对生长量占原来体重的比率来表示的。公式为:

$$R=(W_1-W_0)/W_0\times100\%$$

此外,也有用生长系数来表示相对生长的,公式为:

$$C=W_1/W_0\times100\%$$

三、肉牛生长发育各阶段特点

肉牛生长发育各阶段一般可以划分为胚胎期、哺乳期、幼龄期、青年期和成年期。

(一)胚胎期

指从受精卵开始到出生为止的时期。胚胎期又可分卵子期、胚胎分化期和胎儿期三个阶段。卵子期指从受精卵形成到 11 天受精卵与母体子宫发生联系即着床的阶段。胚胎分化期指从卵子着床到胚胎 60 日为止。此前 2 个月,饲料在量上要求不多,而在质上要求较高。胎儿期指从妊娠 2 个月开始直到分娩前为止,此期为身体各组织器官强烈增长期。胚胎期的生长发育直接影响犊牛的初生重,初生重大小与成年体重成正相关,从而直接影响肉牛的生产力。

(二)哺乳期

指从牛犊出生到 6 月龄断奶为止的阶段。这是犊牛对外界条件逐渐适应、各种组织器官功能上逐步完善的时期。该期牛的生长速度和强度是一生中最快的时期。犊牛哺乳期生长发育所需的营养物质主要靠母乳提供,因而母牛的泌乳量对哺乳犊牛的生长速度影响极大。一般犊牛断奶重的变异性,50%～80%是由于它们母亲产奶量的影响。因此,如果母牛在泌乳期因营养不良和疾病等原因影响了泌乳性能,就会对哺乳犊牛产生不良影响,从而影响肉用牛的生产力。

(三)幼年期

指犊牛从断奶到性成熟的阶段。此期牛的体型主要向宽深方面发展,后躯发育迅速,骨骼和肌肉生长强烈,性功能开始活动。体重的增长在性成熟前呈加速趋势,绝对增重随年龄增加而增大,体躯结构趋于稳定。该期对肉用牛生产力的定向培育极为关键,可决定此阶段后的养牛生产方向。

(四)青年期

指从性成熟到体成熟的阶段。这一时期的牛除高度和长度继续增长外,宽度和深度发育较快,特别是宽度的发育最为明显。绝对增重达到高峰,增重速度开始减慢,各组织器官发育完善,体型基本定型,直到达到稳定的成年体重。这一时期是肥育肉牛的最佳时期。

(五)成年期

指从发育到成熟到开始衰老这一阶段。牛体型、体重保持稳定,脂肪沉积能力大大提高,性功能最旺盛,所以公牛配种能力最强;母牛泌乳稳定,可产生初生重较大、品质优良的后代。成年牛已度过最佳肥育时段,所以主要是作为繁殖用牛,而不是肥育用牛。在此以后,牛进入老年期,各种功能开始衰退,生产力下降,生产中一般已无利用价值。大多在经短期肥育后直接屠宰,但肉的品质较差。

四、肉牛生长发育的不平衡性

不平衡是指牛在不同的生长阶段,不同的组织器官生长发育速度不同。某一阶段这一组织的发育快,下一阶段另一器官的生长快。了解这些不平衡的规律,就可以在生产中根据目的地不同利用最快的生长阶段,实现生产效率和经济效益的多快好省。肉牛生长发育的不平衡主要有以下几个方面的表现。

(一)体重增长的不平衡性

牛体重增长的不平衡性表现在12月龄以前的生长速度很快。在此期间,从出生到6月龄的生长强度要远大于从6月龄到12月龄。12月龄以后,牛的生长明显减慢,接近成熟时的生长速度则很慢。因此,在生产上,应掌握牛的生长发育特点,利用其生长发育快速阶段给予充分的营养,使牛能够快速生长,提高饲养效率。

(二)骨骼、肌肉和脂肪生长的不平衡性

牛的各种体组织(骨骼、肌肉、脂肪)占胴体重的百分率,在生长过程中变化很大。肌肉在胴体中的比例先是增加,而后下降;骨骼的比例持续下降;脂肪的百分率持续增加,牛年龄越大脂肪的百分率越高。各体组织所占的比重,因牛品种、饲养水平等的不同也有差别。骨骼在胚胎期的发育以四肢骨生长强度大,如果营养不良,使肉牛在胚胎期生长最旺盛的四肢骨受到影响,其结果犊牛在外形上就会表现出四肢短小、关节粗大、体重较轻的缺陷特征。肌肉的生长与肌肉的功能密切有关。不同部分的肌肉生长速度也不平衡。脂肪组织的生长顺序为:先网油和板油,再贮存为皮下脂肪,最后才沉积到肌纤维间,形成牛肉的大理石状花纹,使肉质嫩度增加,肉质变嫩。

(三)组织器官生长发育的不平衡性

各种组织器官生长发育的快慢,依其在生命活动中的重要性而不同,凡对生命有直接、重要影响的组织器官如脑、神经系统、内脏等,在胚胎期中一般出现较早,发育缓慢而结束较晚;而对生命

重要性较差的组织器官如脂肪、乳房等,则在胚胎期出现较晚,但生长较快。器官的生长发育强度随器官功能变化也有所不同。如初生犊牛的瘤胃、网胃和瓣胃的结构与功能均不完善,皱胃比瘤胃大一半。但随着年龄和饲养条件的变化,瘤胃从 2～6 周龄开始迅速发育,至成年时瘤胃占整个胃重的 80%,网胃和瓣胃占 12%～13%,而皱胃仅占 7%～8%。

(四)补偿生长

幼牛在生长发育的某个阶段,如果营养不足而增重下降,当在后期某个阶段恢复良好营养条件时,其生长速度就会比一般牛快。这种特性叫做牛的补偿生长。牛在补偿生长期间,饲料的采食量和利用率都会提高。因此生产上对前期发育不足的幼牛常利用牛的补偿生长特性在后期加强营养水平。牛在出售或屠宰前的肥育,部分就是利用牛的这一生理特性。但是并不是在任何阶段和任何程度的发育受阻都能进行补偿,补偿的程度也因前期发育受阻的阶段和程度而不同。

第二节 影响肉牛生长发育的因素

一、品 种

肉牛作为肉用品种本身,按体型大小可分为大型品种、中型品种和小型品种;按早熟性可分为早熟品种和晚熟品种;按脂肪贮积类型能力又可分为普通型和瘦肉型。一般小型品种的早熟性较好,大型品种则多为晚熟种。不同的品种类型,体组织的生长形式和在相同饲养条件下的生长发育仍有不同的特点。早熟品种一般在体重较轻时便能达到成熟年龄的体组织间比例,所需的饲养期较短;而晚熟品种所需的饲养期则较长。其原因是小型早熟品种在骨骼和肌肉迅速生长的同时,脂肪也在贮积;而大型晚熟品种的脂肪沉积在骨骼和肌肉生长完成后才开始。

二、性　别

　　造成公、母犊牛生长发育速度显著不同的原因,是由于雄激素促进公犊生长,而雌激素抑制母犊生长。公、母犊在性成熟前由于性激素水平较低,生长发育没有明显区别。而从性成熟开始后,公犊生长明显加快,肌肉增重速度也大于母牛。颈部、肩胛部肌肉群占全部肌肉的比例高于阉牛和母牛,第十肋以前的肌肉重量公牛可达 55%,而阉牛只有 45%。公牛的屠宰率也较高。但脂肪的增重速度以阉牛最快,公牛最慢。

三、年　龄

　　牛的生长发育具有不平衡性,不同的组织器官在不同的年龄时段生长发育速度不同。一般生长期饲料条件优厚时,生长期增重快,肥育期增重慢。生长期饲料条件贫乏时,生长期营养不足,供肥育的牛体况较瘦。在舍饲条件下充分肥育时,年龄较大的牛采食量较大,增重速度较低龄牛高。但不同年龄的牛增重的内容不同。低龄牛主要由于肌肉、骨骼、内脏器官的增长而增重,而年龄较大的牛则主要由于体内脂肪的沉积。由于饲料转化为脂肪的效率大大低于转化为肌肉、内脏的效率,加之低龄牛维持需要低于大龄牛,因此大龄牛的增重经济效益低于低龄牛直接肥育。

四、杂种优势

　　杂交指不同品种或不同种牛间进行交配繁殖,杂交产生的后代称杂种。不同品种牛之间进行杂交称品种间杂交,人们一般常见的杂交即为该类杂交;不同种间的牛杂交如黄牛配牦牛,则称为种间杂交或远缘杂交。杂交生产的后代往往在生活力、适应性、抗逆性和生产性能方面比其亲本提高,这就是所谓的杂种优势。在数值上,杂种优势指杂种后代与亲本均值相比时的相差值,是以杂种后代和双亲本的群体均值为比较基础的。杂种优势产生的原因,是由于杂种的遗传物质产生了杂合性。从基因水平上对杂种优势的解释有基因显性说、超显性说和上位学说。杂交可以产生杂种优势,但并不意味着任何两个品种杂交都能保证产生杂种优势,更不是随意每个品种的交配都能获得期望性状的杂种优势。因为不同群体的基因间的相互作用,既可以是相互补充、相互促进的,也可能发生相互抑制或抵消。

五、营 养

营养对牛生长发育的影响表现在饲料中的营养是否能满足牛的生长发育所需。牛对饲料养分的消耗首先用于维持需要,之后多余的养分才被用于生长。因而,饲料中的营养水平越高,则牛摄食日粮中的营养物质用于生长发育所需的数量则越多;牛的生长发育越快而饲料中营养不足,则导致牛生长发育速度减慢。然而饲料营养水平的高低不仅影响牛的生长发育速度,还与牛对饲料的利用率成负相关,即饲料营养水平愈高,牛对饲料的利用率将下降;饲料中的含脂率提高,将减少牛的日粮采食量;提高日粮的营养水平,则会增加饲养成本等。因此,在肉牛生产实践中,并不是饲养水平在任何情况下都越高越好,而是要从生产目的和经济效益两方面综合考虑。生产实践中,营养条件按营养水平高低分为高、中、低三种类型。

六、饲养管理

对牛生长发育有影响的管理因素很多,有些因素甚至影响程度很大。对肉牛生产有较大影响的管理因素有:犊牛的出生季节,牛的饲喂方式和时间、次数,日常的防疫驱虫,光照时间,牛的运动场地等。

第三节　肉用牛选择技术

一、肉用牛外貌鉴定

肉用种牛的选择和市场上采购肥育牛,都需要进行肉牛的体型外貌鉴定。其方法包括肉眼鉴定、测量鉴定、评分鉴定和线性鉴定四种方法。其中以肉眼鉴定应用最广,测量鉴定和评分鉴定可作为辅助鉴定方法。线性鉴定是在前三者基础上综合其优点建立起来的最新方法,准确度较高。

(一)肉眼鉴定

是通过眼看手摸,来判别肉牛产肉性能高低的鉴定方法。农村家畜交易市场上为购牛双方搭桥作价的"牛把式"就是利用这种方法。该法简便易行,不需任何设备,但要有丰富的经验,一般至少要经过2~3年的实践训练才能达到较准确的评估。市场上,肉牛肥育场、屠宰场采购肉牛供肥育或屠宰时,就有不少评估人员运用此方法对牛只的出肉率和脂肪量进行评估,而且这种方法也用在对肉用种牛的选择上。

肉眼鉴定的具体做法是:让牛站在比较开阔的平地上,鉴定人员距牛3~5米,绕牛仔细观察一周,分析牛的整体结构是否平衡,各部位发育程度、结合状况以及相互间的比例大小,以得到一个总的印象。然后用手按摸牛体,注意皮肤厚度、皮下脂肪的厚薄、肌肉弹性及结实程度。接着让牛走动,动态观察,注意身躯的平衡及行走情况,最后对牛做出判断,判定等级。

(二)评分鉴定

是根据牛体各部位对产肉性能的相对重要性给予一定的分数,总分为100分。鉴定时鉴定人员通过肉眼观察,按照评分表中所列各项对照标准,对牛体各部位的肉用价值给予评分,然后将各部位评分累加,再按规定的分数标准折合成相应等级。

鉴定时,人与牛保持 10 米的距离,从前、侧、后等不同的角度,首先观察牛的体型,再令其走动,获取一个概括的认识,然后走近牛体,对各部位进行细致审查、分析、评出分数。

目前,我国尚无专门化的肉牛品种,但改良牛、兼用牛数量在 2 000 万以上,表 3-1 给出了其综合评定的标准,供鉴定时参考。评定分数与对应的折合等级列于表 3-2。

表 3-1 肉牛及改良牛、兼用牛外貌鉴定评分表

部 位	评满分条件	肉用牛		兼用牛	
		公	母	公	母
整体结构	品种特征明显,体尺达到要求;体躯各部位结合良好,自然;经济用体型特别突出;整体宽度良好,性别特征正常,全身肌肉匀称、发达,骨骼生长良好;神经反应灵活,性情温驯,行步自如	30	25	30	25
前躯	胸宽而深,前胸突出,颈胸结合良好,肌肉丰满	15	10	15	10
中躯	背腰宽平,肋骨开张,背线与腹线平直、呈圆筒形,腹不下垂	10	15	10	15
后躯	尻部长、宽、平,大腿肌肉结实而突出	25	20	25	20
乳房	乳房容积较大、匀称,附着良好;乳头较粗大,着生匀称;乳静脉明显,多弯曲;乳房皮肤薄,被毛较短	—	10	—	15
肢蹄	四肢端正结实,前后裆宽,蹄形正,蹄质坚实,蹄壳致密;系部角度适宜,强健有力	20	20	20	15
合 计		100	100	100	100

表 3-2 　肉牛及改良牛、兼用牛外貌鉴定等级评分标准

性 别	等 级			
	特级	一级	二级	三级
公	85	80	75	70
母	80	75	70	65

(三)测量鉴定

是借助仪器或小型设备,对牛体各部位进行客观的测量,边测量边记录。测量鉴定是牛育种上最广为使用的方法。测量的主要工具包括卷尺、测杖、圆形测定器和磅秤等。这种方法要求牛只站立姿势自然而正直,测量起始端点要准确,测量人员操作熟练而迅速。最主要的体尺测量包括以下几项。

体重:早晨空腹时进行测定,连续称重 2 天取平均数。

体高:鬐甲最高点至地面的垂直高度。

体斜长:由肩端前缘至尻尖的软尺距离。

胸围:肩胛后缘(左右第六肋骨)的最大直线距离。

胸宽:鬐甲到胸骨下缘的垂直距离。

腰角宽:两腰角外缘间的直线距离。

尻长:由腰角前缘到坐骨端外缘的直线距离。

髋宽:两髋关节外缘的直线距离。

管围:左前肢上 1/3 处(即最细处)的水平周径。

(四)线性鉴定

线性鉴定方法是借鉴乳用牛线性体型鉴定原理,以肉牛各部位两个生物学极端表现为高低分的外貌鉴定,并用统计遗传学原理进行计算的鉴定方法。它将对牛体的评定内容分为四部分:体型结构、肌肉度、细致度和乳房。每一部分将两种极端形态分别作为最高分和最低分。中间分为 5 个分数级别。如肌肉特别发达、发达、一般、瘦、贫乏,分别给以 45、35、25、15 和 5 分。各部位评分累加,得高分牛优于得低分牛。实践证明,该方法在肉牛改良中是既可靠又明了的选种方法。

二、肉用牛年龄鉴定

牛的增重速度、胴体质量、活重、饲料利用率等都和牛的年龄有非常密切的关系。因此,掌握牛的确切年龄,对于提高肉牛生产有着重要意义。确定肉牛年龄最科学和最可靠的方法就是依据出生时的登记日期。然而在我国的广大农村与牧区,一般不重视这项记录,所以依靠这种方法来鉴别牛的年龄受到限制。因此,在没有出生记录时,只能根据牛的外貌、角轮或牙齿的变化鉴定牛的年龄。根据牛的外貌鉴定,只能分出老年牛、成年牛或幼龄牛,很难判断准确的年龄。从牛角角轮鉴别牛的年龄,在冬夏季温差大,牛的营养变化极大时,准确性才较高。根据牛的牙齿磨损情况来鉴定牛的年龄比较准确,也较实用。虽然牛牙齿的磨损情况因个体和品种有一定的差别,但口齿鉴定依然是公认的比较可靠的方法。

(一)年龄鉴定的意义

第一,年龄鉴定可以为选择优良种牛提供依据,在选择优良种牛的时候,必须与同龄牛进行对比。

第二,年龄鉴定便于在组织牛的肥育时,按实际月龄的大小进行组群。

第三,制定日粮配方时,首先要考虑牛的年龄,考虑该头牛或该牛群究竟有多大的月龄,在没有确切出生日期的情况下,进行牛的年龄鉴别是一种快速而有效的方法。

第四,在购买架子牛时,需要进行年龄鉴别,因为年龄过大的牛是不适合当做架子牛来进行肥育的。

(二)牛年龄的口齿鉴定方法

1. 通过口齿鉴定牛年龄的依据　牛是没有上牙的,年龄的鉴定要依赖下颌生长的牙齿的情况来确定。牙齿有乳齿(牛刚出生时所生出的牙齿叫乳齿)与恒齿(牛生长到一定年龄,乳齿被换掉,重新长出的牙齿叫恒齿)的区别。不同年龄的牛乳齿与恒齿的替换和磨损程度不一,使生长在下颌的牙齿的排列与组合,随着年龄出现变化,这叫做齿式的变化。这种变化是有规律性的,可以作为年龄鉴别的依据。

2. 牛年龄与牙齿的关系表现　见图 3-1。

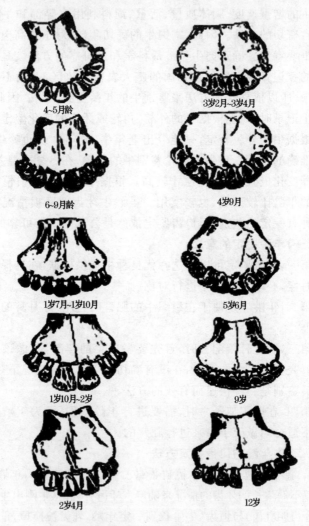

4~5月龄

3岁2月~3岁4月

6~9月龄

4岁9月

1岁7月~1岁10月

5岁6月

1岁10月~2岁

9岁

2岁4月

12岁

图 3-1　根据牛的牙齿鉴别年龄示意图

（1）初生　犊牛刚出生时就长有 2 对乳门齿,有的已生有 3 对乳门齿。经过 5～6 天,第四对乳门齿露出。到 3 月龄或 4 月龄时,4 对乳牙都已长齐,成为完整的圆弧形牙圈。

（2）4～5 月龄　4 对乳门齿中的中间一对开始出现磨损,齿的前缘磨出一横道。

（3）6～9 月龄　自 6 月龄开始第二对乳牙齿开始磨损,依次逐月地将第三和第四对乳牙前缘磨平,而 9 月龄左右第一对乳牙的磨面呈三角形或不规则正的椭圆形。在自然哺乳的情况下,这种磨损的速度比较缓慢。在早春吃草或草质粗糙时,11～12 月龄犊牛的乳牙齿面会全部磨成中门齿的样子。到 1 岁 3 个月至 1 岁 6 个月期间,乳牙齿都被磨得很短,牙齿呈柱状,牙齿之间的间隙很大,并出现乳牙的牙根松动。

（4）1 岁 7 个月至 1 岁 10 个月　此时出现中间乳牙脱落的现象,并有恒门齿在牙床露头;看似中间缺牙,实际上为恒齿开始替换乳牙,中间乳牙被替换的时间为 2 个多月。

（5）1 岁 10 个月至 2 岁　在这个年龄阶段中恒齿长齐,形成中间 1 对整齐的门牙或相邻的 3 对柱状短牙。这种形状俗称"对牙"。自 2 岁左右中恒齿开始出现磨面,在 7～8 个月的时间内第二对乳牙脱落,或在牙床上露出第二对恒齿,但依然为对牙的状态。中国地方品种牛的牙齿更换要慢一些,一般与育成牛相差 2～3 个月,此时为 2 周岁左右。按农民的习惯,过年的牛不论是几个月都叫做 1 岁,因此过 2 个年的牛为 3 岁,在民间俗称"对牙 3 岁",实际上为 2 岁。

（6）2 岁 9 个月　一般在 2 岁 8 个月时第二对恒齿开始出现,2 个月左右长齐。此时称为"四牙";此后其前缘开始磨损,大约为 3 岁。在民间俗称为"四牙四岁"。

（7）3 岁 2 个月至 3 岁 4 个月　中间 4 个牙的牙缘已经磨损;此后 8～9 个月时间内,第三对门齿长出,即长齐 6 个牙时候为 4 岁。在民间称为"六牙五岁"。

（8）4 岁 9 个月　约在 4 岁 2 个月左右最边缘的恒门齿开始

从牙床长出,经 6～7 个月长齐,此时原来的 3 对牙已经磨损,其中第一对已磨出黑色齿星,磨面依然保持扁圆形,此时为 5 岁。在民间俗称"齐牙",即虚年龄为六岁。

(9)5 岁 6 个月　第四对门牙开始磨损,大约 1 年后,中间 4 个牙都磨出齿星,再过 1 年后,边牙也出现齿星,而且牙齿间的缝隙加大,磨面变成圆形,牙齿磨短,此时牛的年龄为 7～8 岁。民间有称"边牙口的",牛进入老年,谓九岁口。

(10)9 岁　4 对门牙的黑色齿星全部磨灭,磨面呈黄色。牙齿呈柱状,但尚不松动。

(11)12 岁以上　全部的门牙为长柱状,缝隙很大,牙齿可见里外两层白圈;此后 2～3 年间白圈变模糊,磨面成为三角形,即为"老牙口"。这种牛的年龄一般都大于 12 岁。

3. 年龄与肥育牛生产力的关系

(1)年龄与肥育期的关系　研究表明,肥育达到相同体重所需的时间随年龄不同而不同。24 月龄牛需 5～6 个月,12 月龄牛需 8～9 个月,6 月龄牛需 10～12 个月。犊牛延长饲养期比老年牛有利,如果把年龄不同的阉牛置于相同条件下肥育,壮年牛达到相同体重所需的时间较短。

(2)年龄对肥育总增重的影响　一般规律是,肥育的初始阶段日增重较高,肥育末期日增重较低。不同年龄达到肥育结束时的体重及增重量是不同的。犊牛的总增重量为开始肥育时体重的 1 倍以上,1 岁牛则为 70% 以上,2 岁牛只有原体重的 30%～40%。

(3)年龄与利用牧草的关系　1 岁牛的胃容量小于大牛(或老牛),所以若以牧草为肥育的主要饲料,幼牛的生长速度低于成年牛,因此有些地区以牧草肥育成年牛尚可获得满意的效果,而犊牛则不理想。

(4)年龄与饲养管理的关系　年轻的牛能适应不同的饲养管理,所以在市场出售时较老年牛有利;在市场变化时,年轻牛变更饲养标准,可以延长或缩短肥育期,老年牛在已沉积较多脂肪时,如遇市场变化,要变更饲养标准比较难;此外,年轻牛的维持需要小于成年牛,因此较经济。

(5)年龄与饲料总消耗量的影响 在饲养期饲喂充足的谷类及高品质粗饲料时,年龄小的牛每日消耗饲料量少,但饲养期长;而年龄大一些的牛,虽然每日采食量大,但饲养期短。在一定年龄条件下,达到上等肉牛品质时,年龄的差异和饲料总消耗量无大的不同。但在充分给与粗饲料限制谷类饲料时,1~2岁的架子牛多能获得满意的效果,但犊牛不会获得好的效果,因为犊牛的消化器官不能大量利用粗饲料。

因此,购买哪种年龄的牛非常重要,需根据实际情况慎重考虑。计划饲养100~150天便出售,不宜选购犊牛而应选购1~2岁的架子牛;在秋天购架子牛,第二年出栏时,应选购1岁左右的牛而不宜购大牛,因大牛冬季用于维持饲料多而不经济;利用大量粗饲料时,选购2岁牛较犊牛有利。总之,在选购肥育牛时,要把年龄和饲养效益紧密结合考虑。

第四章　肉牛的消化系统
组成与消化特点

　　动物采食饲料后,把饲料降解并释放营养成分的过程叫做消化。饲料被消化成小分子营养成分后,经血液吸收并运送到各个组织器官利用。因此,了解肉牛消化系统的主要组成和功能,以及各种营养物质的消化、吸收和利用,是成功饲养肉牛的第一步。

第一节　肉牛消化系统的组成

一、口　　腔

　　肉牛属于反刍动物,它的消化系统主要包括口腔、唾液腺、食管、瘤胃、网胃、瓣胃、皱胃、小肠、大肠(图4-1)。牛没有上切齿和犬齿,在采食的时候,依靠上颌的肉质齿床,即牙床和下颌的切齿与唇及舌的协同动作采食。牛采食饲料时分泌大量唾液,有助于饲料的咀嚼和吞咽。与非反刍动物的唾液不同,牛的唾液不含淀粉酶,因此口腔不对淀粉进行消化。成年牛每天唾液分泌量约54千克,内含大量缓冲物质(如碳酸氢钠),能中和瘤胃内生成的挥发性脂肪酸,使瘤胃内容物保持中性,避免酸中毒。

　　肉牛在消化上与猪和禽等单胃动物的主要不同点是,牛的瘤胃内有数以亿计的厌氧微生物——细菌、原虫和真菌。这些微生物依靠牛采食的饲料生长。瘤胃内是这些微生物生长和繁殖的理想环境,它们平均每30分钟可繁殖1代。同时,它们发酵释放的营养物质和死后的细胞也为牛提供了大量营养物质。因此,牛得到的许多用于生产的营养成分并不是直接来自饲料,而是瘤胃微生物发酵的产物。

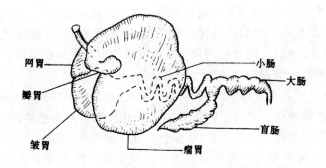

图 4-1　牛的消化系统

二、胃

牛的胃由 4 个胃室组成,即瘤胃、网胃、瓣胃和皱胃。饲料按顺序流经这 4 个胃室,其中一部分在进入瓣胃前返回到口腔内再咀嚼。这 4 个胃室并非连成一条直线,而是相互交错存在。

(一)瘤　胃

成年母牛的瘤胃容积可达 151 升,能存 136 千克内容物。瘤胃的功能主要是暂时贮存饲料和微生物发酵。

1. 暂时贮存饲料　牛采食时把大量饲料贮存在瘤胃内,休息时将大的饲料颗粒反刍入口腔内,慢慢嚼碎,嚼碎后的饲料迅速通过瘤胃,为再吃饲料提供空间。

2. 微生物发酵　饲料不断进入和流出瘤胃,唾液也很稳定地进入瘤胃,调控酸碱度。微生物(细菌、真菌和原虫)根据饲料类型进行不同的发酵,发酵终产物被牛经瘤胃壁吸收利用。瘤胃微生物可以消化粗纤维,分解糖、淀粉和蛋白质;合成氨基酸和蛋白质;合成 B 族维生素和维生素 K。

为了保持瘤胃的正常功能和合成 B 族维生素及蛋白质,瘤胃细菌和原虫需要不断从日粮中获得以下营养物质。

(1)能量　除粗纤维等缓慢释放的能量外,牛还需要一定量的快速释放能量,如糖、糖蜜或淀粉。牛在饲养中必须考虑适当的精粗比来配合日粮,才能使饲料利用率达到最高值。

(2)氮源　分为降解速度快的氮源(如尿素)和降解速度慢的氮源(如豆饼)。两者比例合适才能使微生物生长速度最快。生产中一般要求前者占25%,后者占75%。

(3)矿物质　以钠、钾和磷为最重要,如果饲料中使用尿素,也须考虑硫和镁。对微生物生长比较重要的微量元素是钴,因为钴不但有利于微生物的生长,还是合成维生素B_{12}的原料。

(4)未知因子　也叫生长因子。对于牛有两个重要的未知因子来源,一是苜蓿,一是酒糟,两者都能刺激瘤胃微生物的生长,但具体是什么物质起作用,目前还不知道。

瘤胃微生物发酵饲料的过程中产生了大量二氧化碳、甲烷和氨,还有少量的氢气、硫化氢、一氧化碳及其他气体。正常情况下,这些气体经呼吸道排出,有时牛不能及时排出气体,就会发生瘤胃臌胀病。

(二)网　胃

网胃位于瘤胃前部,实际上这两个胃并不完全分开,因此饲料颗粒可以自由地在两者之间移动。网胃内皮有蜂窝状组织,故网胃俗称蜂窝胃。网胃的主要功能如同筛子,随着饲料吃进去的重物,如钉子和铁丝都存在其中。因此,美国的牛仔都称网胃为“硬胃”。

(三)瓣　胃

瓣胃是第三个胃,其内表面排列有组织状的皱褶。对瓣胃的作用还不十分清楚,一般认为它的主要功能是吸收饲料内的水分和挤压磨碎饲料。

(四)皱　胃

牛的皱胃也称为真胃。其功能与单胃动物的胃相同,分泌消化液,使食糜变湿。真胃的消化液内含有酶,能消化部分蛋白质,基本上不消化脂肪、纤维素或淀粉。饲料离开真胃时呈水状,然后到达小肠,进一步消化。未消化的物质经大肠排出体外。

三、小肠与大肠

牛的小肠有30～33米,分为十二指肠、空肠和回肠三部分。胰腺和小肠壁分泌的酶可以消化蛋白质、碳水化合物和脂肪,肝脏分泌的胆汁协助脂肪的消化与吸收。小肠壁表面有大量绒毛和微绒毛增大了小肠的吸收面积,小肠消化终产物也多在此吸收。

大肠包括盲肠、结肠和直肠三个部分。牛盲肠不发达,仅0.5～0.7米长,是瘤胃微生物发酵的另外一个场所,但对成年牛而言,盲肠的微生物消化作用没有马、兔等动物重要。结肠是粪便形成的场所,可吸收水分和无机盐。直肠是大肠的最后一段,粪便排出之前在此存贮。

第二节 肉牛的消化过程

牛消化道各部位对食入的饲料起着不同的消化作用,这些部位按各自的区段划分为:口腔区、咽和食管区、胃区、胰区、肝区、小肠盲肠结肠区。

一、口腔区

牛的口腔起采食、咀嚼和吞咽的作用。牛是靠舌、唇和牙齿的协作将食物撕裂、磨碎、润湿并拌成食团,再由颊部的唾液掺入酶等进行消化的过程称为咀嚼;完成咀嚼的食团由舌推送到口腔后部,接触到咽部时,在不随意与随意动作反射作用下关闭喉部呼吸道,推入食管。

二、咽和食道区

咽部是控制空气和食团通道的交会部,它开口于口腔,后接食道、后鼻孔、耳咽管和喉部。吞咽时软腭上抬,关闭鼻咽孔,盖住喉孔,防止饲料进入呼吸管。食团进入食管,食道的肌肉组织产生蠕动波,形成一个单向性运动,由平滑肌协调地收缩和松弛将食团推进胃的贲门。

三、胃 区

胃区瘤胃体积最大,约占胃总容积的80%、呈扁的椭圆形。瘤胃的内表面积也很大,有大量的乳状突起可以对食团进行搅拌和吸收。网胃是4个胃中最小的一个,容积是成年牛胃总容积的5%,网胃的内表面呈蜂窝状,食入物暂时逗留于此。瓣胃呈圆的球形,约占胃容积的8%。黏膜形成许多大小相同的片状物,断面上看很像一叠"百叶",它们有助于磨碎摄入的饲料和吸收水分。皱胃与单胃动物的胃一样,是惟一的含有消化腺的胃室。皱胃呈长梨形,黏膜光滑柔软,黏膜内有贲门腺、幽门腺和胃底腺,能分泌胃液,内容物是流动状态。

幼犊的瘤胃不发达,幼犊吮奶时,奶汁通过由瘤胃和网胃合壁的临时性食管沟,直接流入皱胃。在皱胃奶汁与凝乳酶接触,被凝固进而被消化。当犊牛长大时,固体饲料刺激瘤胃发育,才会改变犊牛的消化特点。

四、胰 区

胰区由胰脏和胰管组成,是消化系统。它分泌2种激素:一种是由内分泌的胰岛素和胰高血糖素;另一种是由外分泌腺分泌的胰液,是小肠消化所必需的。

五、肝 区

肝区包括肝脏、胆囊和胆管。当养分由胃和小肠吸收后,经过门静脉,被送到肝脏。

六、小肠、盲肠、结肠区

大部分的营养物质在此区吸收。

第三节　肉牛的消化特点

一、反　刍

牛在休息时可以将先前吞进胃内的食物再送回口腔仔细咀嚼,咀嚼50～60秒再吞咽,这种现象称为反刍,俗称"倒沫"。反刍的作用主要有:增加唾液的产生;缩小饲料的体积,并增加饲料颗粒的密度,这是决定饲料颗粒在瘤胃内停留时间长短的两个重要因素;有助于将饲料颗粒按大小分开,使较大的颗粒饲料在瘤胃内停留足够的时间得以完全消化,而小颗粒物质则立即被排入网胃;增加饲料颗粒与微生物的接触面积,以提高纤维的消化率。

需要注意的是,反刍只有当瘤胃内含有大量较长纤维性饲料(如干草、秸秆等)时,才能发生。牛反刍的时间每日可长达8小时。若粗饲料被切得过细或日粮中含有高比例的精饲料时,反刍时间显著降低而对纤维的消化和奶中脂肪的产生都有副作用。牛咀嚼的时间越长,说明牛越健康。

二、微生物发酵

肉牛在消化上与猪和禽等单胃动物的主要不同点是,牛的瘤胃内有数以亿计的厌氧微生物——细菌、原虫和真菌。一方面奶牛的瘤胃内环境为微生物的生长提供了适宜的生存和繁殖条件,另一方面这些微生物的存在又使得牛能够消化像猪、鸡等非反刍动物不能消化的纤维素类复杂碳水化合物和非蛋白氮化合物如氨和尿素。这些微生物依靠牛采食的饲料生长。同时,它们发酵释放的营养物质和死后的细胞又为牛提供了大量营养物质。因此,牛得到的许多用于生产的营养成分并不是直接来自饲料而是瘤胃微生物发酵的产物。

三、嗳气

在瘤胃细菌的发酵作用下,牛的瘤胃会产生大量的挥发性脂肪酸和各种气体,包括二氧化碳、甲烷、硫化氢、氨、一氧化碳等。这些气体只有通过不断的嗳气动作排出体外,如果不及时排出就会引起牛发生臌胀病。正常情况下嗳气是自由地由口腔排出的,小部分由瘤胃吸收后从肺部排出。

第四节 肉牛对营养物质的消化吸收

一、碳水化合物的消化与吸收

碳水化合物一是来自精料,主要含有淀粉和可溶性糖;二是来自牧草和其他粗饲料,如干草、作物秸秆和青贮料,这类饲料的粗纤维含量很高。碳水化合物饲料是肉牛的主要能量来源。

(一)可溶性糖的消化

可溶性糖主要包括单糖和双糖,是谷物饲料的成分。这些糖类几乎全部在瘤胃内被微生物发酵生成丙酮酸,丙酮酸进一步分解生成挥发性脂肪酸(VFA)和二氧化碳。挥发性脂肪酸是反刍动物可以直接吸收利用的能量,也可被细菌直接利用转变为菌体多糖。

(二)淀粉的消化

淀粉是谷物和某些作物块茎的主要成分,有直链淀粉和支链淀粉两种形式。淀粉进入瘤胃后,在微生物的作用下被迅速分解为麦芽糖和葡萄糖。淀粉的消化速度受饲料来源和加工条件的影响,如加热可以加快淀粉的消化速度。在瘤胃内未被消化的淀粉与菌体多糖一起到达小肠,被分解生成葡萄糖,经小肠吸收后被利用。

(三)粗纤维的消化

粗纤维是纤维素、半纤维素、木质素和果胶的总称,约有45%

在瘤胃内消化,10%在大肠内消化。粗纤维在瘤胃内被微生物分解的最终产物是挥发性脂肪酸,到达大肠的粗纤维也同样被栖居在那里的微生物所降解。

二、蛋白质的消化与吸收

(一)蛋白质在瘤胃内的消化

饲料蛋白质在瘤胃内被微生物消化,可分为以下四个过程。

第一,瘤胃微生物分泌的蛋白分解酶与肽酶将食入的蛋白质水解,变为肽与游离氨基酸。

第二,游离氨基酸直接被利用以合成微生物蛋白质或微生物的其他成分,如细胞壁和核酸。

第三,氨基酸被继续分解而产生挥发性脂肪酸、二氧化碳与氨。

第四,氨被用于合成微生物蛋白质。饲料蛋白质60%～80%在瘤胃内降解,剩下20%～40%直接进入皱胃与小肠。

(二)非蛋白质氮(简称非蛋白氮,NPN)饲料在瘤胃内的消化

目前使用最多的非蛋白氮是尿素。尿素在微生物脲酶的作用下分解为氨和二氧化碳,其中氨被微生物利用合成菌体蛋白质。但是,尿素在瘤胃内的分解速度太快,利用效率低,还容易出现氨中毒。提高尿素饲料利用率的方法有以下三种。

1. 延缓尿素在瘤胃内的分解速度,使微生物有充分的时间利用　目前常用的方法包括:使用分解较慢的非蛋白氮作饲料,如缩二脲、缩三脲等。采用保护剂,如用硫、蜡及某些化学聚合物包裹尿素,以减缓其降解速度,效果较好。目前已用于生产的"糊化淀粉尿素"系将玉米、高粱、大麦等富含淀粉的谷物粉碎后与尿素混合,配成相当于粗蛋白质含量40%～70%的混合物,再经糊化处理而得的产品。利用瘤胃微生物脲酶抑制剂降低脲酶的活性,减慢尿素分解的速度,从而提高尿素的利用效率和避免氨中毒。脲酶抑制剂技术属20世纪90年代国际新技术,优点是成本低、效果

明显、易于工业化生产。中国农业科学院畜牧研究所在这方面已取得了一定的研究成果。

2. 增强微生物的合成利用能力 包括：①不同种类的微生物利用尿素的能力不同，因此饲喂尿素时可以由少到多，逐渐增加，使瘤胃微生物逐步适应，15天后饲喂较大量的尿素也就安全了。②除了氨以外，其他许多物质也为微生物合成自身菌体蛋白时所需要，其中能量最重要。在不同的碳水化合物中，纤维素发酵太慢，提供的有效能不足，糖类发酵太快，不易做到与氨的生成同步，而淀粉可以较好地达到上述目的。碳水化合物在提供能量的同时，也提供了一定数量的氨基酸合成所需的碳架。除了能量以外，日粮中应含有一定数量的真蛋白质，以及矿质元素钴。此外，在尿素用量较大时还应考虑补充一定量的硫，以满足含硫氨基酸合成的需要。

3. 采用适宜的喂量和喂法 尿素的用量，一般认为以不超过日粮总氮的1/3为好。推荐用量为日粮干物质的1%～1.5%。尿素以混于饲料中喂给为好，不宜与饮水共喂，以免直接入皱胃。

(三)瘤胃微生物蛋白质的合成

1. 微生物蛋白质的生成量 在氮源充足的条件下，微生物蛋白质的合成量依赖于日粮的有效能含量，一般为每千克可消化有机物合成120～135克微生物蛋白质。瘤胃微生物的氨基酸氮含量为80%，非氨基酸氮含量为20%。

2. 微生物蛋白质的品质 细菌的粗蛋白质含量为58%～77%，原虫为24%～49%。日粮条件不同时，微生物蛋白质的含氮量有变异，但氨基酸组成的变异则较小。微生物蛋白质的品质较好，其真消化率一般在70%以上，生物学价值为66%～87%。

(四)过瘤胃蛋白质

日粮蛋白质除有一部分在瘤胃内降解外，其余部分直接进入后部胃肠道，称为过瘤胃蛋白质。过瘤胃蛋白质的数量除受蛋白质溶解度及其在瘤胃中滞留时间的影响外,还可通过各种物理和化学的加工方法加以改变。

对那些由理想的氨基酸构成而且在后部胃肠道中又有较高消化率的蛋白质,我们自然希望他们在瘤胃中有较低的降解率,即有较高的过瘤胃蛋白质,以避免降解所造成的蛋白质周转和浪费。为了达到这个目的,近年研究采用的保护措施主要有:将蛋白质热处理。但要防止加热过度,以免降低蛋白质的总消化率和某些氨基酸的有效率。用甲醛处理蛋白质,如酪蛋白经甲醛处理后,溶解度大为下降,可减少微生物的分解作用。使用胶囊保护。作为限制性氨基酸添加于日粮内时,可使用胶囊保护,以避免其在瘤胃中分解。胶囊保护的蛋氨酸加入日粮内时,可提高肉牛的生长性能。

过瘤胃蛋白质进入后部胃肠道以后的消化吸收与单胃家畜相同,微生物蛋白质与过瘤胃蛋白质一起到达小肠,在小肠内被分泌的消化酶分解为各种氨基酸,然后被吸收利用。

三、脂肪的消化与吸收

(一)瘤胃内脂肪的消化与代谢

饲料脂肪进入瘤胃后,发生三种变化,即水解作用、水解产物的氢化作用和脂肪酸的合成。瘤胃微生物能够把脂肪水解为脂肪酸和甘油。脂肪酸被微生物氢化饱和,甘油则进一步发酵降解成丙酸。瘤胃微生物能合成各种结构的脂肪酸。

(二)小肠内脂肪的消化

尽管瘤胃微生物对脂肪有一定的消化作用,但起主要作用的是小肠。在胆汁和胰液的作用下,脂肪在空肠后段被完全降解并吸收。

第五章 肉牛的饲料及其加工调制

第一节 精 饲 料

精饲料是指粗纤维含量低于18%、无氮浸出物含量高的饲料。这类饲料的蛋白质含量可能高也可能低。谷物、饼粕、面粉业的副产品(如玉米面筋等)都是精饲料。对于肉牛而言,精饲料是一种补充料,肥育牛日粮的精饲料含量可高一些,母牛和架子牛仅喂少量精饲料,以保证维持需要。精饲料可分为能量饲料和蛋白质饲料。能量饲料有玉米、高粱、甜菜渣和糖蜜等。蛋白质饲料包括真蛋白质饲料(如豆饼和棉籽饼等)和非蛋白氮(如尿素)。主要精饲料的营养成分见表5-1。

表 5-1 肉牛主要精饲料的营养成分

名 称	干物质 (%)	维持净能 (兆焦/千克)	增重净能 (兆焦/千克)	粗蛋白质 (%)	粗纤维 (%)	钙 (%)	磷 (%)
玉 米	88.40	9.41	6.01	9.70	2.30	0.09	0.24
高 粱	89.30	8.65	5.29	9.70	2.50	0.10	0.31
小麦麸	88.60	6.69	4.31	16.30	10.40	0.20	0.88
豆 饼	90.60	8.61	5.73	47.50	6.30	0.35	0.55
棉籽饼	89.60	7.77	5.18	36.30	11.90	0.30	0.90
胡麻饼	92.00	7.94	5.31	36.00	10.70	0.63	0.84
花生饼	89.90	8.95	5.85	51.60	6.50	0.27	0.58
芝麻饼	92.00	7.77	5.46	42.60	7.80	2.43	0.29
葵花籽饼	90.00	3.15	0.92	25.90	35.10	0.23	1.03

一、能量饲料

国际饲料分类原则把粗纤维含量小于18%、蛋白质含量小于20%的饲料称为能量饲料。从营养功能来说,能量饲料是家畜能量的主要来源,在配合日粮中所占的比例最大,为50%~70%。主要包括禾本科的谷实饲料和面粉工业的副产品,块根、块茎和其加工的副产品,以及动、植物油脂和糖蜜都属于能量饲料。

(一)谷实类饲料

谷实类饲料主要来源于禾本科植物的子实,是能量饲料的主要来源,需要量很大,可占肥育期肉牛日粮的40%~70%。我国常用的种类有玉米、大麦、高粱、燕麦、黑麦、小麦和稻谷等。谷实类饲料的营养特点是:干物质中无氮浸出物含量为70%~80%,精纤维含量一般在3%以下,消化率高。粗蛋白质含量为8%~13%(表5-2)。精脂肪含量2%左右,钙的含量比磷的含量少。不同谷物子实对肉牛的相对价值,见表5-3。

表5-2 谷实类饲料的营养特点

名　称	消化能 (兆焦/千克)	粗蛋白质 (%)	与玉米相比 (%)
玉　米	17.1	9.7	100
大　麦	16.3	13.2	90
燕　麦	14.2	13.3	70~90
大　米	14.2	8.4	80
高　粱	13.8	9.7	90~95
小　麦	15.9	14.7	100~105

表 5-3　不同谷物子实对肉牛的相对价值*

名　称	可消化蛋白质	维持净能	增重净能
玉　米	100	100	100
大　麦	131	84	88
高　粱	95	92	88
燕　麦	132	82	86
小　麦	152	95	98

* 以玉米的数值为 100

1. 玉米　我国东北、西北和华中等地区盛产玉米,大部分用作饲料。玉米中所含的可利用能值高于谷实类中的任何一种饲料,在肉牛饲料中使用的比例最大,被称为"饲料之王"。玉米的不饱和脂肪酸含量高,因而粉碎后的玉米粉易于酸败变质,不宜长期保存,因此以贮存整粒玉米最佳。黄玉米中含有胡萝卜素和叶黄素,营养价值高于白玉米,带芯玉米饲喂肉牛效果也很好。在满足肉牛的蛋白质、钙和磷需要后,能量可以全部用玉米满足。对于青年牛和肥育肉牛,整粒饲喂和粉碎饲喂效果相同,但前者可减少投资、节约能源。玉米的无氮浸出物含量为 65.4%,粗蛋白质为 9.7%,粗纤维为 2.3%,每千克对牛的维持净能为 9.41 兆焦,增重净能为 6.01 兆焦。

2. 高粱　高粱的品种很多。去皮高粱的组成与玉米相似,能值相当于玉米的 90%~95%(表 3-2)。高粱的平均蛋白质含量为 10%。其种皮部分含有鞣酸,具有苦涩味,影响家畜的适口性。色深的高粱含鞣酸量高,含量为 0.2%~2%。高粱一般不作肉牛的主要饲料。

3. 大麦　我国大麦的产量近几年来有下降的趋势。大麦很少作为食用,大部分用作家畜的饲料,少部分用于酿造工业。大麦的蛋白质含量为 12%~13%,是谷实类饲料中含蛋白质较多的饲料。大麦种子有一层外壳,粗纤维含量较高、约 7%,无氮浸出物较低。大麦是喂肉牛和奶牛的好饲料,压扁或粉碎饲喂更为理想,但不宜粉得太细,也不能整粒饲喂。

4. 燕麦 内蒙古、东北等地有少量生产,在我国谷实类饲料中用量很少。燕麦的蛋白质含量和大麦相似,粗纤维含量较高、约9%。粉碎后饲喂,对肉牛有较好的效果。

5. 小麦 我国种植小麦的地区很广,是重要的粮食作物,很少直接用作饲料。小麦的营养价值与玉米相似,蛋白质含量14.7%。喂肉牛小麦占精料的比例不应超过50%,用量过大,会引起消化障碍。喂前应碾碎或粉碎。

6. 稻谷和糙大米 稻谷种子外壳粗硬,与燕麦相似。粗纤维含量约10%,粗蛋白质含量约8%。去掉壳的稻谷称糙大米,它的粗纤维含量约为2%,蛋白质为8%。在饲料中的用量是25%～50%。糙大米的营养价值比稻谷高。

(二)谷物子实类的加工副产品

谷物类饲料在加工过程中产生大量副产品,可被用作饲料。这类产品包括麦麸、米糠、玉米糠、高粱糠、小麦糠等。糠麸类饲料主要是谷实的种皮、糊粉层、少量的胚和胚乳。粗纤维含量为9%～14%,粗蛋白质含量为12%～15%。钙、磷比例不平衡,磷含量高约1%。

1. 小麦麸 俗称麸皮,是小麦加工成面粉时的副产品,主要由小麦子实的种皮、糊粉层、少量的胚乳和胚组成,加工方式的不同造成了麸皮营养成分的差异,一般麸皮含粗纤维较高、约10%,无氮浸出物约58%,对肉牛的代谢能为9.66兆焦/千克,由于麸皮中含有大量胚,使其粗蛋白质含量较高、为13%～16%。

2. 米糠 稻谷加工成大米时分离出的种皮、糊粉层和胚等物质的混合物,不包括稻壳。稻谷加工成大米时,大米越白,其副产品米糠的营养价值越高。米糠含粗纤维10.2%,无氮浸出物小于50%,粗蛋白质含量为13.4%,粗脂肪为14.4%。粗脂肪中不饱和脂肪酸较高,因此易酸败,不易贮藏。钙、磷比例不平衡,约为1:15。砻糠是稻谷外面的一层坚硬的壳,含粗蛋白质3%、粗脂肪 1.15%、粗纤维 46%、无氮浸出物 28%,营养价值比秸秆饲料低。统糠是米糠和砻糠的混合物。统糠的营养价值取决于米糠所占的比例。瘪谷糠,是在稻谷加工过程中,首先分离出来的瘪谷。加工磨碎后称瘪谷糠,含粗蛋白质 9.8%、粗脂肪 0.9%、粗纤维 24%、无氮浸出物 45%、粗灰分 7.5%,它的营养价值高于砻糠,低于米糠。

(三)其他高能量饲料

高能量饲料是指饲料中无氮浸出物高,粗纤维低,所含可利用能高的饲料。有人把每千克饲料中含消化能大于 12 兆焦的统称为高能量饲料。

1. 棉籽 棉籽是一种高蛋白高能量饲料。代谢能 14.52 兆焦/千克,粗蛋白质 24%,磷 0.76%,粗纤维 21.4%(干物质)。不必经过任何加工即可饲喂肉牛。

2. 油脂 油脂的能量是碳水化合物的 2.25 倍,属高能量饲料,在肉牛日粮内占 2%~5%。在饲料内添加油脂,可以提高能量浓度、控制粉尘,减少设备磨损,增加适口性。油脂还可以作为某些微量营养成分的保护剂。

添加动物性脂肪和植物性脂肪的效果相同,采用哪一种主要取决于价格。目前用作肉牛饲料的脂肪有以下几种:酸化肥皂、牛羊脂、油脂等。脂肪内应加抗氧化剂。对高玉米日粮无需添加油脂,因为玉米含有 4%的油脂。近几年,也用全棉籽饼作为油脂饲料饲喂肉牛。

3. 糖蜜 不仅能量含量高,适口性也好。包括甘蔗糖蜜、甜菜糖蜜、柑橘糖蜜、木糖蜜和淀粉糖蜜。在肉牛日粮中不超过 15%。

4. 块根块茎 也称多汁饲料,包括胡萝卜、甘薯、木薯、马铃薯、饲用甜菜和芜菁等。干物质中淀粉和糖类含量高,蛋白质含量低,纤维素少,并且不含木质素(表 5-4),是适口性好的犊牛与产奶牛饲料。由于这类饲料体积大,一般含水量为 75%~90%。每千克鲜饲料中营养价值低,一般不用作肉牛肥育期的饲料。但这类饲料的干物质含能值与禾本科子实类饲料相似(表5-5)。

表5-4　几种块根块茎饲料的营养成分　（%）

名　称		水分	粗蛋白质	粗脂肪	粗纤维	无氮浸出物	粗灰分
甘　薯	鲜	75.4	1.1	0.2	0.8	21.2	1.3
	干	0	4.5	0.8	3.3	86.2	5.2
马铃薯	鲜	79.5	2.3	0.1	0.9	15.9	1.3
	干	0	11.2	0.5	4.4	77.6	6.3
木　薯	鲜	62.7	1.2	0.3	0.9	34.4	0.5
	干	0	3.2	0.8	2.5	92.2	1.3
胡萝卜	鲜	89.0	1.1	0.1	1.3	6.8	1.4
	干	0	10.0	3.6	11.8	61.8	12.7
甜　菜	鲜	89.0	1.5	0.1	1.4	6.9	1.1
	干	0	13.4	0.9	12.2	63.4	9.8

表5-5　块根块茎饲料的消化能含量(对肉牛)

名　称	干物质 （%）	消化能 （兆焦/千克干物质）
胡萝卜	11.00	15.62
木　薯	37.30	14.62
马铃薯	20.50	14.95
糖甜菜	11.00	15.41
甘　薯	24.60	14.70
芜　菁	10.00	15.71

二、蛋白质饲料

蛋白质含量在20%以上的饲料称为蛋白质饲料。蛋白质饲料在生产中起到关键性作用,影响着肉牛的生长与增重,使用量比能量饲料少,一般占日粮的 10%～20%。蛋白质饲料的能量值与能量饲料基本相似,但是蛋白质饲料的资源有限、价格较高,所以它不能当作能量饲料来使用。肉牛的蛋白质饲料主要是饼粕(用压榨法提取油后的残渣称为饼,浸提法或压榨后再浸提油的残渣称为粕)。

由于加工方法的不同,同一种原料制成的饼与粕的营养价值也不一样,饼类的含脂量高,能量也高于粕类,但是蛋白质含量低于粕类。

(一)大豆饼粕

豆饼是我国畜牧生产中主要的植物性蛋白质饲料,粗蛋白质含量为 39%～43%,浸提或去皮的豆粕的粗蛋白质含量大于45%。日粮中除了能量饲料之外,可以全部用豆饼满足肉牛的蛋白质需要量。在所有饼类中,豆饼的氨基酸平衡,适口性好,是植物性蛋白质中最好的蛋白质。但是它的胡萝卜素和维生素 D 含量较低。

(二)棉籽饼粕

棉籽经脱壳之后压榨或浸提油后的残渣,粗蛋白质含量为33%～40%。未去壳的棉籽饼含粗蛋白质 24%。虽然棉籽饼内含有毒物质棉酚,但由于在瘤胃内棉酚与可溶性蛋白质结合为稳定的复合物,因此对反刍动物影响很小。肉牛精料中棉籽饼的比例可达到 20%～30%。在喂棉籽饼的饲料内加入微量硫酸亚铁,可以促进肉牛的生长。

(三)菜籽饼粕

含粗蛋白质 36%～40%,粗纤维 12%,无氮浸出物约 30%,有机物质消化率约 70%。菜籽饼含有硫葡萄糖苷,在芥子酶的作用下,分解产生有毒物质异硫氰酸盐和噁唑烷硫酮,因此不适合作猪和鸡的饲料,但是可以用作肉牛的蛋白质饲料,可占精料的20%,肥育效果很好。

（四）花生饼粕

目前我国市场上所见的花生饼,大部分是去壳后榨油的,粗纤维含量低于 7％,习惯上称花生仁饼。带壳榨油的花生饼,粗纤维含量约为 15％,含蛋白质较少。花生仁饼的粗蛋白质含量为43％～50％,适口性好。花生仁饼在贮藏过程中最易感染黄曲霉,产生黄曲霉素,必须严格检验,否则严重时会导致家畜死亡。

（五）亚麻籽饼粕

又称胡麻饼。亚麻籽产于我国的东北和西北地区,粗蛋白质含量 34％～38％,粗纤维含量 9％,钙含量 0.4％,磷含量 0.83％。亚麻籽饼含有黏性物质,可吸收大量水分而膨胀,从而可使饲料在肉牛的瘤胃内停留较长时间,以利于饲料的利用。黏性物质对肠胃黏膜起保护作用,可润滑肠壁,防止便秘。

（六）葵花籽饼粕

带壳的葵花籽饼,粗蛋白质仅为 17％,粗纤维 39％,部分去壳或去壳较多的葵花籽饼粗蛋白质含量在 28％～44％,粗纤维9％～18％,是肉牛肥育期很好的饲料。

三、精饲料的加工方法

精饲料加工是指用某种方法改变饲料的物理、化学或生物学特性,加工后不仅能提高营养价值,还能延长贮存时间、脱毒、改善适口性和减少水分等。饲喂肉牛的主要精饲料包括小麦、大麦、玉米和高粱,它们的淀粉和蛋白质在瘤胃内降解的顺序是小麦大于大麦,大麦大于玉米,玉米大于高粱。现代加工方法要同时考虑湿度、温度和压力三个因素。目前常用的加工方法有浸泡、蒸煮、压片、粉碎和制粒。最新发展的方法还有挤压、蒸汽压片和高温处理等。另外,氢氧化钠和氨等化学试剂还可用于贮存高水分谷物。对脂肪、蛋白质和氨基酸还可以进行过瘤胃保护加工处理,使它们直接到达真胃和小肠,经血液吸收后利用。

（一）常用能量饲料的加工

1. 玉米 对玉米的加工方法有 3 种，即蒸汽处理、压片和粉碎。在肥育牛日粮含 70%～80% 的玉米时，蒸汽处理或压片可使净能提高 5%～10%，能量沉积提高 6%～10%。饲喂前浸泡，可使玉米的消化率提高 5%。如果没有条件进行蒸汽处理或压片，可以将玉米粗粉碎（颗粒大小为 2.5 毫米），千万不要粉碎太细，以免影响粗饲料的消化率。

2. 高粱 当日粮内粗饲料的含量小于 20% 时，对高粱进行蒸汽处理和压片可使能量利用率提高 5%～10%，淀粉消化率提高 3%～5%。在没有条件进行蒸汽处理或压片的地区，可将整粒高粱在水中浸泡 4 个小时，然后晾干，再粉碎，这样可以提高能量和淀粉的消化率，效果与蒸汽处理相同。优点是成本低，还可增加肉牛的采食量。与粗粉碎相比，细粉碎（1 毫米）可使高粱的净能提高 8%，与蒸汽处理效果相等。因此，最简单实用的方法是将高粱细粉碎到 1 毫米后饲喂。

3. 大麦 粉碎或压扁能提高大麦的消化率和利用率。为了增加采食量和减少瘤胃臌胀等消化性疾病，对大麦不要粉碎过细，粗粉碎效果最好。对大麦进行蒸汽处理没有效果。

4. 小麦 压片、粗粉碎和蒸汽处理都可以提高小麦的营养价值，但是不应粉碎过细，否则容易引起肉牛的采食量降低，甚至引起酸中毒。

5. 燕麦 给肉牛饲喂燕麦时，需要进行压片或粉碎，才能达到最佳效果。

（二）保护蛋白质过瘤胃的方法

在肉牛饲料中使用保护蛋白质的意义是能降低蛋白质的使用量，增加非蛋白氮的用量，降低饲料成本和提高肉牛的生产性能。保护蛋白质过瘤胃的方法有以下几种。

1. 天然保护蛋白质 指使用蛋白质降解率较低的饲料，如玉米面筋粉、啤酒糟、酒糟、压榨的豆饼、肉粉、血粉、鱼粉和水解羽毛粉等。

2. 加热加压处理蛋白质　在一定压力下对蛋白质饲料加热，可使蛋白质内氨基酸发生交链，从而降低降解率。但是不能过热，否则易出现蛋白质的过保护现象，即在瘤胃内不降解，在小肠内也不能被消化，造成浪费。

3. 鞣酸处理蛋白质　用1%的鞣酸均匀地喷洒在蛋白质饲料上，混合后烘干。

4. 甲醛处理蛋白质　用0.8%的甲醛均匀地喷洒在蛋白质饲料上，混匀后烘干。

5. 氢氧化钠处理蛋白质　最近研究用氢氧化钠处理来降低豆饼等蛋白质饲料在瘤胃内的降解率，效果比热处理、甲醛处理或鞣酸处理好，因为后面几种处理常出现保护程度不够或过保护。同时，用氢氧化钠处理大豆粉生产犊牛代乳料的研究也正在进行。

6. 鲜血处理蛋白质　用鲜血保护蛋白质饲料过瘤胃效果很好，血液在瘤胃内不易被降解，是一种保护性包膜。

7. 保护性氨基酸　给高产反刍家畜补充必需氨基酸（尤其是蛋氨酸和赖氨酸）和脂肪，使它们过瘤胃后被直接吸收。目前有两种形式的保护性蛋氨酸，即包膜蛋氨酸和蛋氨酸类似物或多聚化合物。最初蛋氨酸包膜是用甲醛处理后的蛋白质或脂肪，但是这种物质在瘤胃内仅部分稳定，并且过瘤胃以后的释放率很差。后来找到了既在瘤胃酸碱度条件下稳定，又在真胃酸碱度条件下离解的多聚物包膜。最近，又将蛋氨酸与脂肪酸的钙盐成功地结合在一起，使血液内的蛋氨酸浓度增加。

蛋氨酸羟基类似物对单胃动物具有生物学活性，但是在瘤胃内不稳定，生产应用效果也不一致。

8. 商品性保护蛋白质　这类饲料市场有售，属于反刍动物的浓缩料，不仅含有保护性蛋白质，还有微量元素和维生素，能明显增加肉牛的生长速度。

(三)保护脂肪过瘤胃的方法

当瘤胃内脂肪,尤其是不饱和脂肪酸浓度高时,会降低粗纤维的消化率和降低食欲。保护脂肪首先是用甲醛处理酪蛋白包膜脂肪,然后喷雾干燥。但酪蛋白成本高和喷雾技术均限制了这一技术的应用。整油籽的保护可以通过去壳、在碱内溶解、乳化、甲醛处理,然后干燥等方法实现。饲喂长链脂肪酸的钙盐或脂肪酸钙盐与脂肪酸的混合物,会使饲喂脂肪酸的负效应最小。当日粮精粗比过高或瘤胃氢离子浓度很高时,需要使用碱性缓冲液调控瘤胃氢离子浓度到正常范围,以防钙皂的离解。

(四)保存高水分谷物的方法

用氢氧化钠等碱性盐类保存高水分谷物是一种常用方法,使玉米和高粱的利用率比干燥保存时高。当需要补充瘤胃可降解氮或避免钠采食量过高时,可以用氢氧化铵代替氢氧化钠。

第二节　粗　饲　料

按国际饲料分类原则,凡是饲料中粗纤维含量18%以上或细胞壁含量为35%以上的饲料统称为粗饲料。粗饲料对反刍家畜和其他草食家畜极为重要。因为,它们不仅提供养分,而且对肌肉生长和胃肠道活动也有促进作用。母牛和架子牛可以完全用粗饲料满足维持营养需要。能饲喂肉牛的粗饲料包括干草、农作物秸秆、青贮饲料等。其中苜蓿、三叶草、花生秧等豆科牧草是肉牛良好的蛋白质来源。

粗饲料的特点是:体积大、密度小,粗纤维含量高于18%,能量浓度低。木质素含量高,消化率低。钙、钾和微量元素的含量比精饲料高,但磷的含量低。脂溶性维生素的含量比精饲料高,豆科牧草B族维生素含量丰富。蛋白质含量差异较大。豆科牧草的粗蛋白质含量可达20%以上,而秸秆的粗蛋白质含量只有3%~4%。

总的来看,粗饲料的营养价值可能很高,如嫩青草、豆科牧草和优质青贮;也可能很低,如秸秆、谷壳和禾本科牧草。但是,通过合理加工调制,都可以饲用(表5-6)。

表5-6　肉牛常用粗饲料营养成分

名　称	干物质 (%)	维持净能 (兆焦/千克)	增重净能 (兆焦/千克)	粗蛋白质 (%)	粗纤维 (%)	钙 (%)	磷 (%)
大豆秸	88.00	4.52	0.68	5.20	44.30	1.59	0.06
稻　草	89.40	4.18	0.54	2.80	27.00	0.08	0.06
花生藤	91.00	4.77	2.12	10.80	33.20	1.23	0.15
小麦秸	89.60	2.68	0.46	3.60	41.60	0.18	0.05
玉米秸	90.00	4.06	1.76	6.60	27.70	0.57	0.10

一、干　草

干草是指植物在不同生长阶段收割后干燥保存的饲草,通过晒干,使牧草水分降至15%～20%,从而抑制酶和微生物的活性。牧草成熟后,干物质含量增加,但是消化率降低,因此收割期应选择干物质含量与消化率的最佳平衡点。大部分干草应在牧草未结籽前收割。

(一)干草的种类和特点

干草的种类包括豆科干草、禾本科干草。豆科干草中苜蓿营养价值最高,有"牧草之王"的美称。中等质量的干草含粗纤维25%～35%,含消化能为8.64～10.59兆焦/千克干物质。

制备干草的目的与要求:在最佳时间收割,最大限度地保存青草的营养物质,保证单位面积生产最多的营养物质和产量,不耽搁下一茬种植。在牧草生长旺季,制备大量的干草,使青草中的水分由65%～85%降到20%以下,达到长期保存的目的,供家畜冬天饲草不足时饲用。

干草的优点是:牧草长期贮藏的最好方式;可以保证饲料的均

衡供应,是某些维生素和矿物质的来源;用干草饲喂家畜还可以促进消化道蠕动,增加瘤胃微生物的活力;干草打捆后容易运输和饲喂,可以降低饲料成本。

干草的缺点是:收割时需要大量劳力和昂贵的机器设备;收割过程中营养损失大,尤其是叶的损失多;由于来源不同,收割时间不同,加工方法不同及天气的影响,使干草的营养价值和适口性差别很大;如果干草晒制的时间不够,水分含量高,在贮存过程中容易产热,发生自燃;干草不能满足高产肉牛的营养需要。

(二)干草营养的饲养价值

在各类粗饲料中,干草的营养价值最高。其营养价值的高低取决于制作干草的青饲料种类、生长阶段和调制及贮藏的方法,如豆科植物制成的干草蛋白质和钙含量较多,禾本科植物制成的干草蛋白质和钙的含量少(表5-7)。

表5-7 几种干草的化学组成 (%)

干草种类		水 分	粗蛋白质	粗脂肪	粗纤维	无氮浸出物	粗灰分	钙	磷
豆科	苜蓿	9.90	15.20	1.00	37.90	27.80	8.20	1.43	0.24
	紫云英	8.50	17.90	4.10	19.60	41.00	11.20	1.92	0.19
禾本科	苏丹草	8.50	6.90	3.10	27.80	45.20	8.50	—	—
	玉 米	9.00	7.80	2.20	27.10	47.60	6.30	0.27	0.16
	小 麦	9.60	6.10	1.80	26.10	50.00	6.40	0.14	0.18

干草作为重要的粗饲料,被广泛用于肉牛生产中。可占肥育肉牛日粮能量的30%,占其他肉牛日粮能量的90%(表5-8)。干草虽然主要作为能量来源,但是豆科牧草也是很好的蛋白质来源。

表5-8 干草为肉牛日粮提供的能量 (%)

区 分	精饲料	干 草	总 计
肥育期肉牛	69.8	30.2	100
其他时期肉牛	8.7	91.3	100

优质干草可以代替精饲料。有试验证明,日粮内含60%苜蓿、40%精饲料时的肥育效果优于日粮内含85%精饲料、15%粗饲料的效果。当精饲料供应紧张或价格过高时,用全粗饲料日粮肥育肉牛也有很好的效果。表5-9是用全粗饲料日粮与全精饲料日粮肥育肉牛的比较。从表中可以看出,用全粗饲料日粮时肉牛的日增重低,但是随着世界性粮食紧张,精饲料价格不断上涨,可以预测将来肉牛肥育将主要依赖于粗饲料。

表5-9 肉牛肥育性能和屠宰质量的评定

指　　标	全粗饲料日粮	全精饲料日粮
平均体重(千克)	327.9	337.7
平均采食量(千克)	10.59	7.26
平均日增重(千克)	1.05	1.27
饲料增重比	10.08	5.71
屠宰率(%)	55.40	59.90
肌肉大理石花纹评分	优级	优级
眼肌面积(平方厘米)	71.10	68.50
品尝评分(10分制)	7.60	7.20

(三)干草的制备

在青草制备干草的过程中,青草中干物质或养分含量均要有所损失。例如苜蓿,从收割到饲喂,叶片损失35%,干物质损失20%,蛋白质损失29%。在地里放置时间越长,营养损失越多。

调制干草的方法不同,养分损失差别很大。目前制备干草的方法基本上可分为两种:一种是自然干燥(晒干和舍内晾干),另一种是人工干燥。晒制过程中营养物质损失途径有呼吸损失、机械损失和发热损失,还有日晒雨淋的损失。植物收割后,与根部脱离了联系,但植物体内细胞并未立即死亡,它们仍然要利用本身贮存营养物质的能量进行蒸发与呼吸作用,继续进行体内代谢。由于没有了从根部输送的水分和营养物质,异化过程始终超过同化过程,植物体内的一部分可溶性碳水化合物被消耗,糖类被氧化为二氧化碳和水排出植物体外。同时蛋白质也有少量降解为氨基酸,这些可溶性氨基酸,在不良条件下较易流失或进一步分解成氨气排出。由于植物细胞内物质的损耗,细胞壁物质的比例就会相对提高。所以,干草中粗纤维含量有所增高,无氮浸出物下降,各种营养物质的消化率也下降。当植物体水分降低到38%左右时,植物细胞的呼吸作用停止。所以,要提高干草的营养价值,在割下青饲料后应尽量加快植物体内水分的蒸发,使水分由60%～80%迅速下降到38%左右,在这个过程中,所用时间应尽量缩短,减少营养损失。自然干燥调制干草时,应把收割后的青草平铺成薄层,在太阳下暴晒,尽量在很短时间内使水分降至38%左右。在使水分进一步蒸发降至14%～17%的阶段中,尽量减少暴晒面积和时间。此时,植物细胞虽已死亡,呼吸作用停止,但外界微生物的发酵作用,可分解植物体的养分,日光照射使胡萝卜素受氧化而破坏、植物细胞壁的通透性改变,雨淋和露水使可溶性无机盐、糖、氨基酸等营养物质流失。

植物在干燥过程中,叶片干燥较快、茎秆干燥较慢,容易造成叶片大量脱落,应引起注意。

安全贮藏干草的最大含水量为:疏松干草25%;打捆干草20%～22%,大捆为20%;切碎干草18%～20%;干草块16%～17%。

干草水分达到14%～17%时,可堆垛或打捆贮存。北方气候较干燥,干草水分为17%时就可贮存;在南方,气候潮湿,水分为14%时才能贮存。否则,在堆垛中易于霉变或发酵,发酵不仅继续损失碳水化合物,破坏维生素,更严重的是堆心温度上升到66℃～88℃时将干草烤焦,升至85℃时就可发生自燃(天火)。干草贮存6个月时,干物质损失5%～7%,其他养分的消化率无显著变化。总的来说,日晒干草过程中,可消化干物质一般损失15%～35%,

可消化粗蛋白质损失20%～25%。

人工干燥的干草营养价值高,因为减少了叶片的损失,并且保留最高量的蛋白质、胡萝卜素与核黄素,缺点是不含维生素D,要消耗大量的能源,在我国尚未应用于生产。人工干燥方法一般分为高温法和低温法两种。低温法是采用45℃～50℃,青草在室内停留数小时,使青草干燥。也有用高温法,使青草通过700℃～760℃热空气干燥,时间为6～10秒钟。

(四)干草质量及其判断要点

优质干草的特点是:营养价值高,适口性好,消化率高,利用效率高。干草质量表观的检查要点如下。

1. 牧草品种 豆科牧草的营养价值比禾本科牧草高。

2. 收割期 牧草在盛花期和成熟期收割时蛋白质、无机盐、维生素的含量比在初花期收割要低。

3. 叶的比例 叶的营养价值最高,当叶的比例高时,整株牧草的营养价值也就高。

4. 颜色 深绿色牧草的质量最高,表明没受雨淋,胡萝卜素含量高。

5. 气味 优质牧草有香味。有霉味的牧草质量较低。

6. 柔软性 牧草的柔软性好时,质量较高。

7. 杂质 杂质和脏物少时,牧草质量较高。

生产中比较实用的干草评分卡见表5-10。

表5-10 干草评分卡

评定内容	得分		
	豆科干草	禾本科干草	混合干草
含叶量:豆科牧草应大于40%	25	—	15
颜色与气味:深绿色,无异味	25	30	25
柔软性:在成熟早期收割	15	30	20

评 定 内 容	得分		
	豆科干草	禾本科干草	混合干草
无杂质	15	20	20
加工过程中损失小	20	20	20
总　　计	100	100	100

(五)干草饲喂技术

干草饲喂前要加工调制,常用加工方法有铡短、粉碎、压块和制粒。铡短是较常用的方法,对优质干草,更应该铡短后饲喂,这样可以避免挑食和浪费。干草可以单喂,也可以与精料混合喂。混合饲喂的好处是避免牛挑食和剩料,增加干草的适口性,增加干草的采食量。

在饲喂时要掌握下列换算关系:1千克干草相当于 3 千克青贮或 4 千克青草;2 千克干草相当于 1 千克精料。

二、农作物秸秆

我国秸秆年产量为 60 亿吨,主要来源于小麦、水稻、玉米、高粱、燕麦和谷子等作物。目前仅有 5% 用作饲料,大部分被烧掉。这些秸秆的粗纤维含量高,直接喂牛时只能满足维持需要,不能增重。但是用适当的方法进行处理,就能提高这类粗饲料的利用价值,在肉牛饲养业中发挥巨大作用。在生产实践中,人们长期以来积累了许多改善秸秆适口性、提高采食量和提高秸秆营养价值的方法,包括物理处理、微生物发酵处理、化学处理及改进日粮的搭配等。

(一)物理处理

即把秸秆铡短或粉碎,增加瘤胃微生物对秸秆的接触面积,可提高进食量和通过瘤胃的速度。物理加工对玉米秸和玉米芯很有效。与不加工的玉米秸相比,铡短粉碎后的玉米秸可以提高采食量 25%,提高饲料利用率 35%,提高日增重。但这种方法并不是对所有的粗饲料都有效。有时不但不能改善饲料的消化率,甚至可能使消化率降低。

(二)微生物发酵处理

人们一直在寻找能分解秸秆纤维素的细菌,试图在反刍动物体外制造出人工瘤胃的条件,提高粗纤维的利用率。在这方面世界各国的微生物专家做了大量的研究工作,但到目前为止,尚无成功的技术应用于生产。

(三)化学处理

近 1 个世纪以来,用化学处理方法提高秸秆饲料的营养价值已经取得较大进展,有些化学处理方法已在生产中应用。目前,生产中主要用氢氧化钠、氨、石灰、尿素等碱性化合物处理秸秆,可提高反刍动物对秸秆的进食量和消化率。上述化学处理主要是改变秸秆中木质素、纤维素的膨胀力与渗透性,使酶与被分解的底物有更多的接触面积。另外,可以打开纤维素和半纤维素与木质素之间对碱不稳定的酯键,使底物更易被酶分解。

1. 氢氧化钠处理 分湿法处理和干法处理两种。前者是用 1.5%氢氧化钠溶液浸泡秸秆 24 小时,冲洗淋干后饲喂家畜,秸秆消化率可由 40%提高到 70%。由于该法耗碱量和用水量大,在冲淋过程中干物质要损失 20%～25%,因此现已不再应用。目前改用氢氧化钠溶液喷洒法,随喷、随拌,堆置几天后,不用水洗而直接饲喂家畜,此法称干法。在正常气温与气压条件下,每 100 千克秸秆用 3～6 千克氢氧化钠(氢氧化钠溶液浓度 30%左右效果最好),超过 8～10 千克效果无改善。用 4%氢氧化钠处理秸秆,采食量提高 48%,干物质消化率可提高 16 个百分点(表 5-11)。少量余碱对家畜健康没有危害,但饮水量和排尿量增加。

表 5-11　不同氢氧化钠用量对干物质消化率的影响

氢氧化钠用量(%)	0	4	6	8
采食量(克/日)	822	1220	1157	1159
干物质消化率(%)	38	54	54	57
氮沉积(克)	4.5	8.0	6.3	7.2
粪中细胞壁(克/日)	329	220	195	172

　　氢氧化钠处理工艺:先将秸秆铡成 3 厘米左右的碎段,计量后,喷氢氧化钠溶液,搅拌后堆垛。一般要求秸秆重量为3～6吨/垛,高度在 3 米以上,这样可使氢氧化钠和秸秆发生化学反应所释放出来的热量积聚在一起,使秸秆发热,获得较好的处理效果。同时,可加速蒸发在处理过程中加入的水分。秸秆堆垛发热温度可达 80℃～90℃。用手工喷洒氢氧化钠溶液,搅拌和堆垛的劳动强度大,劳动条件差,也不易搅拌。大规模处理应采用机械化加工。新疆畜牧机械研究所、机械工业部畜牧机械研究所(内蒙古自治区)已经研制出秸秆调制机,一机可同时完成喷洒氢氧化钠、输送、搅拌和堆垛等工艺。

　　2. 无水氨或氨水处理　先将草捆堆好,用塑料薄膜封盖,防止氨气挥发,再通液氨或氨水。氨的用量为 3%～4%。氨化处理时间,夏天处理 1 周后可饲喂,冬天在 5℃以下需 8 周的时间。表5-12 是在不同环境温度下进行氨化处理所需要的最少时间。

表 5-12　环境温度与氨化处氨化理时间的关系

环境温度(℃)	处理时间
低于 5	8 周以上
5～15	4～8 周
15～30	1～4 周
高于 30	1 周以内
高于 90	1 天以内

被处理秸秆的含水量为 30%～40%。氨用量不应超过 4%。氨化处理可提高秸秆中的蛋白质含量,增加 5%～6% 的粗蛋白质,提高采食量和有机物质的消化率 10～15 个百分点(表 5-13)。缺点是氨损失大,开垛后约有 2/3 的氨挥发到空气中。

表 5-13　湿度、氨浓度对有机物消化率的影响　（%）

氨化麦秸的氨浓度	麦秸湿度		
	15	28	41
（未处理麦秸）	38.2	38.2	38.6
1%	49.5	53.2	49.2
4%	59.0	64.8	66.6
7%	60.7	63.0	66.6

氨处理工艺:分为垛法氨处理和炉法氨处理。垛法氨处理是先将打捆或铡碎的秸秆码在铺有塑料膜的地上,并计量秸秆的重量。如果秸秆的含水量低于氨处理要求,可边码边喷水,堆垛完成后,在垛上面再盖上一层塑料膜,使秸秆密封在塑料膜中,用一根带孔的管插入堆垛中,并通入所需量的氨水或氨,使秸秆在密封状态下氨化,直至完成氨化过程。炉法氨处理是将打捆秸秆装入氨化炉中,关闭炉门后,送入所需要的氨量,加热至 95℃后,启动鼓风机,使氨气在炉内循环流动。在 90℃恒温下,保持 15 小时,然后停止加热,使秸秆在炉内停留 4 小时,最后打开炉门,使炉内剩余氨气逸出,4 小时后,可从中取出秸秆。

3. 垛法尿素处理　将秸秆铡碎后和一定量的尿素溶液混合堆垛,堆垛一定要用塑料膜密封。尿素的用量约为每 100 千克秸秆加 4 千克尿素和 40 升水。

三、青绿饲料

青绿饲料是指天然含水量高的绿色植物,包括草原牧草、野生杂草、人工栽培牧草、农作物茎叶以及能被牛利用的灌木、树叶和蔬菜等。这类饲料分布很广,养分比较完全,而且适口性好,因此有条件时应尽量利用青饲料来喂牛,以降低生产成本。

青绿饲料的营养特点表现为:粗蛋白质含量高,且品质优良,氨基酸的组成优于其他植物性饲料,其中必需氨基酸以赖氨酸、色氨酸的含量最多。所以,青饲料的蛋白质生物学价值较高,一般可达80%。较精饲料高出20%～30%。维生素含量丰富,特别是胡萝卜素。其中豆科青草含量高于禾本科,春草中的含量高于秋草。肉牛日粮中,若能经常保证有青饲料,肉牛不会患维生素缺乏症。各种青绿饲料中无机盐含量变化较大,一般钙、钾等碱性元素含量丰富,其中豆科植物含量较高,且钙、磷多集中在叶片内。含水量高,是家畜摄入水分的主要途径之一。

四、青贮饲料

(一)青贮的原理及优缺点

青贮是将新鲜的青饲料铡碎装入青贮窖或青贮塔内,通过封埋措施,造成缺氧条件,利用微生物的发酵作用,达到长期保存青饲料的一种方法。大部分植物都可以用作青贮。青贮的质量取决于三个因素:所用青饲料的化学成分,青贮窖内空气是否被全部压出,微生物的活动。

1. 青贮原理 青贮原理是在缺氧状态下利用植株内的碳水化合物、可溶性糖和其他养分,厌氧的乳酸细菌大量繁殖,进行发酵,产生乳酸,使氢离子浓度上升到100微摩/升(pH 4)左右,抑制其他腐败细菌和霉菌的生长,最后乳酸菌本身也停止生长,从而达到长期保存的目的。

整个青贮过程持续2～3周,可分为以下几个阶段。

耗氧阶段:活的植物细胞继续呼吸,消耗青贮窖内的氧气。植株内的酶和好氧菌发酵可溶性碳水化合物,产生热、水和二氧化碳。

厌氧阶段:氧气被消耗完后,形成厌氧环境。在这种厌氧条件下,微生物对饲料内的可溶性碳水化合物进行发酵,厌氧菌迅速繁殖生成乳酸、乙酸等。少量蛋白质被分解为氨、氨基酸。由于乳酸生成,使氢离子浓度升高,抑制了微生物的发酵,乳酸菌本身也被抑制,青贮发酵过程结束。这时乳酸占干物质的 4%~10%。

稳定阶段:氢离子浓度大于 63.09 微摩/升(pH4.2 以下)时,青贮就处于稳定阶段,只要不开窖,保持厌氧条件,就可以贮存数年。

青贮过程中的损失主要是由于表面层的腐败,可溶性营养物质的流失以及发酵过程中的损失。

2. 青贮的优缺点　青贮饲料的优点可以归纳为以下几点:可以提高作物的利用量。整株植物都可以用作青贮,比单纯收获子实的饲喂价值高 30%~50%。与晒成的干草相比,其质地柔软,养分损失少,在较好的条件下晒制的干草养分也损失 20%~40%,而青贮方法只损失 10%,比干草的营养价值高,蛋白质、维生素保存较多。不受天气的影响。占地面积比干草小 75%。能避免火灾。是贮存糟渣等副产品的好方式。由于微生物作用,青贮料有酸甜的芳香味,适口性好,可提高家畜食欲,具有轻泻作用。保存时间长。

青贮的缺点是建筑青贮窖一次性投资大,需要管理技术高,饲料维生素 D 含量低。

(二)青贮设备

制作青贮所需的设备简单,如常用的青贮联合收割机,可边收割边切碎;或用青饲料切碎机把收割后的整株原料粉碎。最重要的青贮设备是青贮窖。无论是土质窖还是用水泥等建筑材料制作的永久窖,都要保证密封性好,防止空气进入,墙壁要直而平滑,有一定深度和斜度,坚固性好。窖址要排水好,地下水位低,要防止倒塌和地下水的渗入。每次使用青贮窖前都要进行清扫、检查、消毒和修补。

1. 青贮窖的种类　青贮窖按形状可分为圆形窖、方形窖或多角形窖、沟形窖以及青贮塔。按位置分为地上式、地下式、半地下式。现在也有人以青贮袋的形式制作青贮,或在排水好、地势高的水泥地上用塑料膜制作少量的地上青贮。

我国常用的是半地下式沟形青贮窖。其特点是容量大、填装原料方便,窖内温度不受外界温度影响,便于发酵,可提高青贮品质,适用于存栏量大的肉牛场。对于饲养量不大的农户,可选用简便经济的土质窖。土质窖要选在地势高、土质为黏性、排水好并且地下水位低的地方,注意经常修整。

2. 青贮窖的容积　青贮窖的大小可根据原料种类和含水量、全场牛数以及群体每日采食青贮量、全年饲喂青贮还是只在冬、春季缺草时饲喂等许多因素来确定。例如,根据全群采食量,以每日取出7~9厘米厚的青贮为最佳选择来确定青贮窖的横断面积。窖口过大易产生第二次发酵,导致青贮变质发霉,造成浪费。在制造青贮时,窖越大青贮损失概率越小,当然也要考虑实用性。

(三)青贮的营养价值及类型

1. 青贮的营养价值　青贮饲料鲜嫩多汁,富含蛋白质和多种维生素,适口性好,易消化。其中粗纤维消化率在65%左右,无氮浸出物的消化率在60%左右,并且胡萝卜素含量较多。对于肉牛,青贮在粗饲料中的营养价值较高,其营养价值与青草相当。3千克70%水分的牧草青贮或2千克40%水分的低水分青贮相当于1千克干草。1岁肉牛在肥育初期每日可以采食23~25千克含干物质37%的玉米青贮,加上1千克含蛋白质32%的补充料。肉牛的玉米青贮内可按0.5%加入石粉($CaCO_3$),以平衡钙、磷比。几种青贮的营养成分见表5-14。

表5-14　几种青贮的营养成分

青贮类型	粗蛋白质 (%)	维持净能 (兆焦/千克)	增重净能 (兆焦/千克)	钙 (%)	磷 (%)
玉米青贮	8.30	7.03	4.02	0.31	0.27
谷物青贮	7.90	5.45	2.45	0.34	0.19

青贮类型	粗蛋白质 (%)	维持净能 (兆焦/千克)	增重净能 (兆焦/千克)	钙 (%)	磷 (%)
饲用高粱青贮	9.20	5.81	2.80	0.30	0.24
燕麦青贮	10.00	5.70	2.69	0.47	0.33
苜蓿青贮	17.40	5.94	2.93	1.75	0.27

注:各营养成分均以干物质为基础计算

2. 青贮的类型

(1)玉米青贮

①整株玉米青贮 整株玉米中子实和叶片的营养价值高,含有大量粗蛋白质和可消化粗蛋白质,而叶片中含有胡萝卜素。其青贮的营养价值是玉米子实的 1.5 倍。

②玉米秸秆青贮 玉米秸秆青贮的营养价值是整株青贮营养价值的 30%。

③玉米子实青贮 干物质含量 70%,占整株玉米营养价值的 61%～66%。

不同收割期青贮玉米的营养价值见表 5-15。

表 5-15 青贮玉米不同收割期的营养成分

生长阶段	干物质(%)	可消化蛋白质(%)	维持净能(兆焦/千克)	增重净能(兆焦/千克)	占干物质				
					粗蛋白质(%)	粗脂肪(%)	粗纤维(%)	无氮浸出物(%)	粗灰分(%)
乳熟期	19.9	0.9	7.13	4.12	8.0	2.5	25.6	58.2	5.5
糊熟期至蜡熟期	26.9	1.2	7.39	4.38	7.9	2.6	23.0	61.7	4.8
完熟期	37.7	1.7	7.34	4.33	8.0	2.6	20.7	64.2	4.5

(2)秸秆青贮 用秸秆制作青贮时必须铡得很碎。收获玉米后,秸秆的含水量为 48%以上。对密封性好的青贮窖,40%～45%的水分已足够。对不密封的青贮窖,水分含量要在 48%～

55%。如果不够,就要加水。推荐每吨玉米秸秆青贮内加 25 千克玉米面或其他细粉谷物提供发酵碳水化合物。对壳类青贮不必添加,因为壳内残留的子粒较多。高粱秸秆在深秋时仍保持绿色,因此制作青贮时无需加水。

(3)低水分青贮　低水分青贮是指青贮前饲料的水分含量为 40%~60%。主要适用于气候太冷,玉米和高粱的生长期过短,不能制作正常青贮的地区。与正常青贮相比,低水分青贮的蛋白质和胡萝卜素含量高,能量和维生素 D 含量低,肉牛采食的干物质量多。低水分青贮最重要的条件是尽可能排除氧气,这一点比常规青贮困难。

(4)牧草青贮　一般用于气候太冷,不适于晒制干草的地区。包括禾本科牧草青贮、豆科牧草青贮和混合牧草青贮。牧草青贮可分为三种:收割后直接青贮,水分 70% 以上,效果最差。凋萎青贮,水分 60%~70%,无须加添加剂。低水分青贮,水分 40%~60%,铡短到 1 厘米。

(四)青贮的制作

1. 适时收割　优质的青贮原料是调制优良青贮饲料的物质基础。青贮饲料的营养价值,除了与原料的种类和品种有关外,收割时期也直接影响其品质。适时收割能获得较高的收获量和最好的营养价值,并能保证优质青贮所需的适宜含水量。从理论上讲,禾本科牧草的适宜刈割期为抽穗期,豆科牧草为初花期。不同生长时期全株玉米的水分含量及营养成分含量见表 5-16。

表 5-16　不同生长时期马齿型玉米(全株)的营养成分　(%)

生长时期	干物质	占干物质百分含量						
		可消化蛋白质	可消化总养分	粗蛋白质	粗脂肪	粗纤维	无氮浸出物	粗灰分
花丝抽出期	15.0	1.0	9.7	10.7	2.0	28.0	52.0	7.3
乳熟期	19.9	0.9	13.7	8.0	2.5	25.6	58.4	5.5
蜡熟期	26.9	1.2	19.1	7.9	2.6	23.0	61.7	4.8
完熟期	37.7	1.7	26.0	8.0	2.6	20.7	64.2	4.5

判断原料水分含量的方法主要有手挤法、扭弯法和实验室测定法。手挤法是抓一把铡碎的青贮原料,用力挤 30 秒钟,然后慢慢伸开手。伸开手后有水流出或手指间有水,则含水量为 75%～85%,此时太湿不能做成优质青贮,应该晒一段时间,或与秸秆等一起青贮,或每吨加 90 千克玉米面;伸开手后料团呈球状,手湿,含水量为 68%～75%,也应该晒一段时间;而料团慢慢散开,手不湿,则含水量为 60%～67%,是制作青贮的最佳含水量,无需任何添加剂;伸开手后料团立即散开,含水量低于 60%,要添加水后才能青贮。扭弯法是指扭弯秸秆的茎时不折断,叶子柔软、不干燥,这时的含水量最合适。用实验室方法测定水分含量,优点是准确,缺点是时间长。

2. 切碎和填装　青贮原料切碎的目的,是便于青贮时压实,增加饲料密度,提高青贮窖的利用率,排除原料间隙中的空气,使植物细胞渗出汁液湿润饲料表面,有利于乳酸菌生长发育,提高青贮饲料品质,同时还便于取用和家畜采食。对于带果穗全株青贮玉米来说,切碎过程中,也可以把子粒打碎,提高饲料利用率。切碎的程度必须根据原料的粗细、软硬程度、含水量、饲喂家畜和种类和铡切的工具等来决定。对于牛等反刍动物来说,一般把禾本科牧草和豆科牧草及叶菜类等的原料切成 2～3 厘米,玉米和向日葵等粗茎植物切成 0.5～2 厘米为宜。

青贮原料填装前,先要把青贮设施清理干净,一旦开始装填青贮原料,就要求迅速进行,以免在原料装满与密封之前的好气分解以至于腐败变质。装填时间越短,青贮品质越好。此外,装填时原料要分布均匀,一层一层铺平压紧,这样可以避免空气的残留。

3. 密封和压实　装填原料时要注意层层压实,尤其是周边部分。青贮料压得越紧实越易造成厌氧环境,越有利于乳酸菌的活动和繁殖;反之,则易失败。原料装填完毕后,应立即密封和覆盖。其目的是隔绝空气继续与原料接触,并防止雨水进入,这也是调制优质青贮料的一个关键。密封后还须经常检查,发现漏气处应及时修补,杜绝透气并防止雨水的渗入。

(五)青贮添加剂

青贮添加剂的主要作用是控制青贮发酵,防止养分损失和提高饲喂的价值。青贮添加剂分为四大类:第一类促进乳酸发酵,称为发酵促进剂;第二类称为发酵抑制剂;第三类是好气性变质抑制剂,主要用于防止青贮饲料在好气状态下的变质腐败;第四类是营养性添加剂,是指能够显著提高青贮饲料营养价值,以便能更好地满足动物营养需要的青贮添加剂。

1. 发酵促进剂 这类添加剂可分为添加富含碳水化合物的原料和乳酸菌剂两类。富含碳水化合物的原料主要有糖蜜、葡萄糖、蔗糖、甜菜渣、柠檬渣、马铃薯和纤维素酶等。糖蜜的添加一般为原料重量的 1%～3%,粉碎谷物为 3%～10%。添加乳酸菌纯培养物制成的发酵剂或由乳酸菌和酵母培养制成的混合发酵剂,可促使青贮原料中乳酸菌迅速繁殖。一般 100 千克青贮料中加乳酸菌培养物 0.5 升或乳酸菌剂 450 克。

2. 发酵抑制剂 它们能部分地或全部地抑制微生物的生长。可分为酸类和其他抑制剂两类。酸类抑制剂主要有甲酸、乙酸、乳酸、苯甲酸、丙烯酸、羟基乙酸、氨基磺酸、柠檬酸等。如用 85% 的蚁酸,禾本科牧草添加量为湿重的 0.3%,豆科牧草为 0.5%,混播牧草为 0.4%。其他发酵抑制剂主要有甲醛等,一般按青贮原料中蛋白质的含量来计算甲醛添加量,即 100 克粗蛋白质中添甲醛 4～8 克,或按青贮原料干物质含量的 1.5%～3% 添加福尔马林(含 40% 甲醛溶液)。

3. 好气性变质抑制剂 丙酸、己酸、山梨酸和氨等属于这类添加剂。添加 12.5 克/千克 DM 丙酸,可降低干物质含量低的青贮饲料好气性变质的程度,对干物质含量高的则可防止其好气性变质。

4. 营养性添加剂 此类添加剂主要用于改善青贮饲料的营养价值,而对青贮发酵一般不起有益作用。尿素、氨、缩二脲和矿物质等即属于此类,其中应用最广的是尿素。尿素可按每吨青贮料干物质 0.45% 的量加入,添加时一层一层地撒入,以保证均匀。

同时每吨青贮加 0.8 千克硫酸钙,使氮硫比小于 15:1。这种做法的优点是使青贮粗蛋白质从 8.3% 提高为 12.3%,且适口性好,开窖后青贮不易变坏。

(六)青贮品质的鉴定

青贮饲料在饲用前或饲用中,都要对它进行品质鉴定,确保其品质优良之后,方可饲用。青贮料品质的鉴定主要分为感官评定和实验室分析两种。

1. 感官评定 此法简便易行,可在青贮现场进行。鉴定指标主要有三项,即气味、颜色和质地。详细评判标准见表 5-17。

表 5-17 青贮饲料感官鉴定标准 (%)

等 级	气 味	酸味	颜 色	质 地
优 良	芳香酸味,给人以舒适感	较浓	接近原料的颜色,一般呈绿色或黄绿色	柔软湿润,保持茎、叶、花原状,叶脉及绒毛清晰可见,松散
中 等	芳香味弱,并稍有酒精或酪酸味	中等	黄褐色或暗绿色	基本保持茎、叶、花原状,柔软,水分稍多或稍干
低 劣	刺鼻腐臭味	淡	严重变色,褐色或黑色	茎叶结构保存极差,黏滑或干燥,粗硬,腐烂

2. 实验室分析 包括青贮饲料的 pH、有机酸含量和腐败鉴定等,可根据实验室的条件酌情采用。

(1)青贮料的 pH 实验室内可用仪器测定,其标准是优良青贮饲料的 pH 为 3.8~4.2,中等的为 4.6~5.2,低劣的为 5.4~6甚至更高。但是 pH 不是青贮料品质鉴定的准确指标,因为梭菌发酵也会降低 pH。要综合其他指标进行判断。

(2)有机酸含量 优良的青贮饲料中游离酸约占 2%,其中乳酸占 1/3~1/2,醋酸占 1/3,不含丁酸。品质不好的含有丁酸,具恶臭味。

(3)青贮饲料的腐败鉴定　青贮饲料腐败鉴定的原理是,如果青贮饲料腐败变质,其中含氮物分解形成游离氨。鉴定方法是,在试管中加 2 毫升盐酸(比重 1.19)、酒精(95%)和乙醚(1∶3∶1)的混合液,将中部带有一铁丝的软木塞塞入试管口。铁丝的末端弯成钩状,钩一块青贮饲料,铁丝的长度应距离试液 2 厘米,如有氨存在时,生成氯化氨,在青贮饲料四周出现白雾。

第三节　工农业副产品

一、植物副产品

植物副产品可以分为两类,一是高粗纤维副产品,二是高能量副产品。高粗纤维副产品的能量低,包括棉籽壳、稻壳、花生壳、豆壳、果壳、甘蔗渣、果皮、藤类和玉米芯。高能量副产品包括糖蜜、面粉副产品和干甜菜渣。

二、动物副产品

羽毛、骨、结缔组织、脏器、血液、肉渣和蹄都可以作为饲料中蛋白质、维生素和矿物质的补充料。

动物的粪便经适当处理后也可以作为肉牛的饲料。其处理方法包括:深池发酵。指把粪便收集在深池内发酵几周,使温度达到70℃以上,杀死病原菌,然后饲喂肉牛。致病菌在 80℃就不能生长,在 145℃时几分钟就被杀死。青贮法。利用青贮过程的发酵产热也可以杀死粪便内的病原菌。

鸡的肠道较短,对饲料消化不完全。干燥鸡粪内约含 30%的粗蛋白质,含水量不超过 15%,粗纤维低于 15%,灰分约 30%,羽毛1%。鸡粪用于喂肉牛时的主要加工方法有二:一是脱水。用加热法脱水,使鸡粪的病菌被杀死,便于贮存和运输,缺点是成本太高。

二是青贮。可以将鸡粪与粗饲料混合青贮,水分含量为 44％,青贮 6 周效果最好。

三、工业副产品

许多工业副产品都可以作为饲料。一些主要糟渣类饲料的营养成分见表 5-18。

(一)发酵副产品

啤酒工业和白酒工业的发酵副产品具有很高的营养价值。啤酒干酵母是 100％的酵母固体,富含 B 族维生素、蛋白质、矿物质和未知生长因子。干啤酒糟含 65％的可消化养分和 21％的可消化蛋白质。酒糟残液也含有很丰富的蛋白质、能量、亚油酸和未知生长因子。干酒糟也是很好的蛋白质和能量来源。

表 5-18　糟渣类饲料的营养成分

名　　称	干物质(％)	维持净能(兆焦/千克)	增重净能(兆焦/千克)	占干物质的百分比(％)			
				粗蛋白质	粗纤维	钙	磷
豆腐渣	11.0	9.03	5.94	30.0	19.1	0.45	0.27
玉米淀粉渣	15.0	8.49	5.85	12.0	9.3	0.13	0.13
蚕豆粉渣	15.0	4.31	2.42	14.7	35.3	0.47	0.07
高粱酒糟	37.7	8.49	5.56	24.7	9.0	0.16	0.74
白酒糟	35.0	7.11	4.18	8.0	21.4	0.63	0.34
啤酒糟	23.4	6.73	3.97	29.1	16.7	0.38	0.77
甜菜渣	8.4	7.11	4.60	10.7	31.0	0.95	0.60
饴糖渣	28.5	6.27	3.43	31.6	14.4	0.32	0.46

(二)木材和造纸业副产品

串状酵母菌和木糖蜜是木材工业中可作饲用的副产品。

(三)面包副产品

制作面包的粮食种类很多,其副产品是含可消化能很高的能量饲料。

（四）城市食物下脚料

食物废弃物的处理是大都市面临的严重问题。解决办法之一就是对这些废弃物蒸煮，杀灭旋毛虫，然后作为饲料。

第四节　饲料补充料

饲料补充料是指提高基础日粮营养价值的浓缩料，含有蛋白质或氨基酸、矿物质或维生素。补充料可以直接饲喂，也可以与基础日粮混合后饲喂。主要功能是防止营养缺乏症、保持肉牛的最快生长速度。

一、蛋白质补充料

蛋白质含量在 20% 以上的饲料都可以称为蛋白质补充料。根据来源，蛋白质补充料可划分为植物蛋白质、动物蛋白质、非蛋白氮和单细胞蛋白。

（一）植物蛋白质

这类蛋白质包括豆饼、棉籽饼、亚麻饼、花生饼、葵花籽饼、菜籽饼和椰子饼等。它们的蛋白质含量和饲养价值变化很大，取决于种类、含壳量和加工工艺。这部分内容在前面蛋白质饲料中已有详细介绍。

（二）动物蛋白质

动物蛋白质主要来自肉类加工厂、炼油厂、乳品厂及水产品的不可食用组织，如肉粉、肉骨粉、血粉、羽毛粉和鱼粉等，其中鱼粉的氨基酸平衡、矿物质和维生素丰富，是优质蛋白质饲料。羽毛粉含蛋白质 85%，也可以喂牛。使用动物性蛋白质时应注意以下问题：①因含脂肪多，容易氧化腐败。②易被细菌污染。③成本较高。

(三)非蛋白氮

肉牛瘤胃内的微生物可以合成蛋白质,可以用部分非蛋白氮代替蛋白质饲喂肉牛,但是矿物质和碳水化合物的供应要平衡。尿素、氨化糖蜜、氨化甜菜渣、氨化棉籽饼、氨化柑橘渣、氨化稻壳都是非蛋白氮的来源。最近,含非蛋白氮(NPN)的液体蛋白质补充料正在增加。市场上已经有缓释性非蛋白氮出售。

常用的非蛋白氮为尿素,含氮量 46%,粗蛋白质当量 280%。当日粮的可消化能含量高、粗蛋白质含量在 13% 以下时,可以添加尿素。添加尿素时,要注意补充硫,使氮硫比达到 15:1。要把尿素均匀混入精饲料中。尿素的喂量可占日粮粗蛋白质总量的 33%,要让肉牛有 5~7 天的适应期,少量多次,注意补充维生素A,注意在日粮内添加 0.5% 的盐。

(四)单细胞蛋白

单细胞蛋白,如酵母、海藻和细菌,可以作为蛋白质和维生素的来源。这种饲料的安全性取决于所用的菌种、底物和生长条件。

二、氨基酸补充料

蛋白质由 22 种氨基酸组成,对肉牛最关键的是精氨酸、胱氨酸、赖氨酸、蛋氨酸、色氨酸 5 种限制氨基酸。这 5 种氨基酸在一般饲料内的含量都很低(表 5-19),故多在补充料内添加人工合成的限制性氨基酸,添加量可参考营养需要量。

表 5-19　几种主要饲料的限制性氨基酸含量高低

饲料名称	限制性氨基酸含量
大　麦	色氨酸和赖氨酸含量低
玉　米	赖氨酸和色氨酸含量低
高　粱	赖氨酸含量低
豆　饼	蛋氨酸低,赖氨酸高
玉米面筋	赖氨酸含量高

三、矿物质补充料

矿物质补充料是由一种或几种元素组成的补充料。常量元素包括钙、磷、镁和硫。微量元素包括铜、铁、碘、锰、锌、钴和硒。虽然饲料内含一定量的矿物质，但仍然需要在日粮内补充一种或几种元素。矿物质补充料的使用取决于：①饲料的种类。②不同地区的土壤状况。③肉牛的生长阶段。对肉牛只能补充其所缺乏的矿物质，而不是每种都补。矿物质补充料的生产需要专用设备，并且要考虑微量元素的混合与配伍关系。各种矿物质之间存在互作关系，一种过量会导致另一种或几种的缺乏症，并且缺乏与过量之间的范围很窄。如硒，允许在饲料内添加的最大浓度是 0.3 毫克/千克，浓度超过 10 毫克/千克就会引起硒中毒。因此，矿物质补充料要求有较高的生产技术，一般由专门厂家生产。

矿物质补充料的使用有两种方式：一是对以精料为主的肉牛，放置两个槽供牛自由采食，一个槽内放有含各种微量元素的矿物质，另一个槽内放有 1/3 的盐、1/3 的脱氟磷酸钙（或骨粉）和 1/3 的石粉（或贝壳粉）；二是对以粗料为主的肉牛，一槽内放含各种微量元素的食盐，另一槽内放 1/3 的食盐和 2/3 的磷酸氢钙。

补饲矿物质注意事项：日粮内应含有 0.25％～0.5％的食盐，不但能补充钠和氯，还能改善适口性；日粮内钙和磷要平衡。

（一）常量元素

在肉牛日粮内需要添加的常量元素有 4 种，即钠、氯、钙、磷。粗饲料钾、钠比约为 17：1，因此肉牛在以粗饲料为主时需要添加食盐以平衡钾、钠的供应量。缺乏食盐并不出现典型症状，主要表现为食欲不振，生长速度减慢。食盐中毒时主要出现水肿。石粉和贝壳粉是钙的廉价来源。磷的来源有磷酸铵、骨粉、磷酸钙、磷酸氢钙和脱氟磷酸盐。钙和磷补充料的含氟量要保持在 0.5％以下（表 5-20）。此外，在春季放牧时要注意补充镁，日粮中使用尿素时要考虑补充硫。

表 5-20　钙和磷补充料的主要原料　(占干物质的％)

名　　称	钙含量	磷含量	钠含量	蛋白当量	氟含量
碳酸钙	38.13	0.04	0.07	—	—
石　粉	37.22	0.22	0.06	—	—
贝壳粉	36.27	0.10	0.21	0.70	—
脱氟磷酸盐	32.10	17.13	3.27	—	0.18
磷酸氢铵	0.52	20.54	0.04	115.50	0.16
磷酸氢钙	22.67	19.00	1.61	—	0.10
磷酸二氢铵	0.39	24.99	0.08	71.00	0.19
磷酸一钙	18.80	21.27	0.06	—	0.14
磷酸氢钠	—	22.32	32.00	—	—
磷　酸	0.18	27.84	0.23	—	0.25
磷酸一钠	0.04	25.60	19.63	—	—
三聚磷酸钠		25.78	31.23	—	0.03
磷酸三钙	31.44	17.34	0.17	—	0.05
低氟磷酸盐	36.00	14.00		—	0.45
骨　粉	27.31	12.40	0.42	19.50	0.07

(二)微量元素

常需补充的微量元素有 7 种,即钴、铜、碘、铁、锰、硒和锌。影响
微量元素需要量的因素有:动物个体,饲料种类,土壤特性。

四、维生素补充料

饲料维生素含量变异很大,受植物品种、部位、收割、贮存和加
工的影响。维生素易受热、阳光、氧和霉菌的破坏,而肉牛对维生
素的需要量很小。因此,现代畜牧业中主要依靠维生素补充料满
足动物的需要量。对成年肉牛,维生素 A、维生素 D 和维生素 E
都容易缺乏,其中维生素 A 最容易缺乏。正常情况下,肉牛瘤胃

微生物能合成 B 族维生素和维生素 K。在舍饲时应该注意补充维生素 D。

（一）维生素 A 和胡萝卜素

青绿饲料和黄玉米含有丰富的胡萝卜素,胡萝卜素也叫维生素 A 原,在肉牛体内可以转化为维生素 A,或用添加化学合成的维生素 A 提供。维生素 A 既可以加在饲料内饲喂,也可以肌内注射。

（二）维生素 D

对舍饲肉牛要补充维生素 D。如果肉牛每天晒太阳的时间在 6 小时以上,就不需要在日粮内另外补加维生素 D。缺乏维生素 D 时肉牛易患佝偻病和骨软症。

（三）维生素 E

维生素 E 对繁殖和肌肉的质量有影响。植物的叶、谷物都含有较多的维生素 E。一般肉牛的饲料内不需要添加。但是对应激、运输和免疫能力差的肉牛,应该补充维生素 E。

（四）维生素 K

瘤胃微生物能合成足够的维生素 K,无需给肉牛日粮内添加。

（五）B 族维生素

8 周龄前的犊牛要补充 B 族维生素,8 周龄后瘤胃微生物能合成足够的 B 族维生素,不需再补加。

五、饲料添加剂和埋植剂

这类物质属非营养性产品,用于提高的生长速度和生长效率、预防疾病或保存饲料。但是本身并不需要这些物质。

（一）抗生素

抗生素的作用机制是:减轻消化道内细菌感染的亚临床症状;增加食欲和养分的吸收;刺激酶的活性,促进营养物质的吸收。

（二）缓冲剂

给肉牛饲喂高精料日粮或大量青饲料时,瘤胃的酸度高,容易出现酸中毒。这时使用缓冲剂能提高肉牛的生长速度,防止酸中毒。常用的缓冲剂用量见表5-21。

表 5-21　常用缓冲剂用量表

名　称	占日粮总量 (%)	占精料量 (%)	每天每头牛用量 (千克)	作　用
碳酸氢钠	0.6～1.0	1.2～2.0	0.14～0.23	降低瘤胃酸度,提高采食量
氧化镁	0.2～0.35	0.4～0.7	0.05～0.09	降低瘤胃酸度,提高饲料利用效率
膨润土钠	2.0～3.0	4.0～6.0	0.50～0.68	效果差异大,不常用
碳酸钠和碳酸氢钠混合剂	0.6～1.0	1.2～2.0	0.14～0.23	效果与碳酸氢钠相同

(三)异位酸添加剂

异位酸包括异丁酸、异戊酸和2-甲基丁酸3种异位酸。这些酸在瘤胃内由细菌发酵产生,但量不够。在饲料内添加后可以刺激纤维分解菌的生长,较大幅度地提高肉牛的日增重。异位酸属营养型添加剂,发展前途很大。该产品的商品名是 Isoplus,由美国东人化学公司生产。

(四)埋植剂

埋植剂是一类埋植在动物体内促生长的物质,主要指一些激素类物质。使用注意事项:减少埋植时造成的应激,必要时可重新埋植。

第六章　肉牛的营养需要和日粮配合

第一节　肉牛的营养需要

牛采食的饲料营养成分被消化吸收后用于机体维持需要和生长、繁殖需要，不被消化的部分被排出体外。因此，营养物质的需要可划分为以下几种。

维持需要：维持需要是指在维持一定体重的情况下，保持生理功能正常所需的养分。营养供应上为维持最低限度的能量和修补代谢中损失的组织细胞，保持基本的体温所需的养分。通常情况下牛所采食的营养有 $1/3 \sim 1/2$ 用在维持上，维持需要的营养越小越经济。影响维持需要的因素有：运动、气候、应激、卫生环境、个体大小、牛的习性和个性、个体要求、生产管理水平和是否哺乳等。

生长需要：以满足牛体躯骨骼、肌肉、内脏器官及其他部位体积增加所需的养分，为生长需要。在经济上具有重要意义的是肌肉、脂肪和乳房发育所需的养分，这些营养要求随牛的牛龄、品种、性别及健康状况而异。

繁殖需要：是指母牛能正常生育所需的营养，包括使母牛不过于消瘦以致奶量不足，被哺育的犊牛体重小而衰弱的营养需求和母牛在最后 $1/3$ 妊娠期增膘，以利于产后再孕的营养需求。能量不足时母牛产后体膘恢复慢，发情较少，胎孕率降低。蛋白质不足使母牛繁殖降低，延迟发情，犊牛初生重减轻。碘不足造成犊牛出生后衰弱或死胎。维生素 A 不足使犊牛畸形、衰弱，甚至死亡。因此，妊娠牛在后期的营养很重要。对于种公牛来说，好的平衡日粮才能满足培养高繁殖率种牛的需要。

肥育需要：肥育是为了增加牛的肌肉间、皮下和腹腔间脂肪蓄积所需的养分。增膘是为了提高肉牛业的经营效益,因其能改善肉的风味、柔嫩度、产量、质量等级以及销售等级,具有直接的经济意义。

泌乳需要:泌乳营养是促使妊娠牛产犊后给犊牛提供足够乳汁的养分。过瘦的母牛常常产后缺奶,这在黄牛繁殖时经常出现,主要是由于不注意妊娠后期母牛营养所致。

一、能量需要

饲料中的碳水化合物、脂肪和蛋白质三种营养物质都是牛能量的来源,而碳水化合物是肉牛的主要能量来源。肉牛采食的饲料首先用于满足维持需要,多余的能量用于生长和繁殖。在肥育过程中,牛体内蛋白质、灰分和水分的含量逐渐降低,脂肪的含量增加。初生犊牛体内含70%的水分和4%的脂肪。2岁龄牛只含45%～50%的水分,但脂肪含量增加到30%～35%。因此,随着年龄增加,对饲料能量的需要量升高。满足肉牛的维持需要时,以粗饲料为主,在肥育后期,增加精饲料的用量。不同肉牛对营养需要量见表6-1至表6-4。

肉牛在6～12月龄营养受阻时,在肥育后期增重效率更高,因此购买架子牛时,并不一定要买营养状况特别好的牛。

表6-1　繁殖母牛和种公牛每日的营养需要

体重 (千克)	日增重 (千克)	干物质 采食量 (千克)	维持净能 (兆焦)	增重净能 (兆焦)	粗蛋白质 (克)	钙 (克)	磷 (克)	维生素 A (单位)
青年妊娠牛:								
325	0.4	7.1	33.64	NA	591	19	14	20000
400	0.4	8.2	37.82	NA	664	22	16	23000
成年干奶妊娠牛:								
350	0.0	6.8	26.07	NA	478	12	12	19000

体 重 （千克）	日增重 （千克）	干物质 采食量 （千克）	维持净能 （兆焦）	增重净能 （兆焦）	粗蛋白质 （克）	钙 （克）	磷 （克）	维生素 A （单位）
成年干奶妊娠牛：								
500	0.0	8.8	34.06	NA	614	17	17	25000
500	0.4	9.5	43.01	NA	746	25	20	27000
哺乳牛：								
350	0.0	7.7	41.76	NA	814	23	18	30000
500	0.0	9.9	49.75	NA	957	28	22	39000
种用公牛：								
650	0.6	12.6	41.46	13.43	957	27	24	49000
700	0.6	13.4	43.85	14.23	994	29	26	52000
800	0.0	12.9	48.45	NA	882	27	27	50000
900	0.0	14.4	52.93	NA	958	30	30	55000

注：NA 为无合适数值

表 6-2　繁殖母牛和种公牛日粮的营养水平

体 重 （千克）	日增重 （千克）	干物质 （千克）	维持净能 （兆焦/ 千克）	增重净能 （兆焦/ 千克）	粗蛋白质 （%）	钙 （%）	磷 （%）	维生素 A （单位/千克）
青年妊娠牛：								
325	0.4	7.1	4.81	NA	8.3	0.27	0.20	2800
400	0.4	8.2	4.69	NA	8.1	0.27	0.20	2800
成年干奶妊娠牛：								
350	0.0	6.8	3.85	NA	7.0	0.18	0.18	2800
500	0.0	8.8	3.85	NA	7.0	0.19	0.19	2800
500	0.4	9.5	4.51	NA	7.8	0.26	0.21	2800

体　重（千克）	日增重（千克）	干物质（千克）	维持净能（兆焦/千克）	增重净能（兆焦/千克）	粗蛋白质（％）	钙（％）	磷（％）	维生素 A（单位/千克）
哺乳牛：								
350	0.0	7.7	5.40	NA	10.5	0.30	0.23	3900
500	0.0	9.9	5.02	NA	9.7	0.28	0.22	3900
种用公牛：								
650	0.6	12.6	5.23	2.89	7.6	0.21	0.19	3900
700	0.6	13.4	5.23	2.89	7.4	0.22	0.20	3900
800	0.0	12.9	3.81	NA	6.8	0.21	0.21	3900
900	0.0	14.1	3.81	NA	6.8	0.21	0.21	3900

注:NA 为无合适数值

表 6-3　肥育公牛每日的营养需要量

体　重（千克）	日增重（千克）	维持净能（兆焦/天）	增重净能（兆焦/日）	粗蛋白质（克/日）	钙（克/日）	磷（克/日）
	0.8	13.81	6.90	583	28	13
150	1.0	13.81	8.83	655	33	14
	1.2	13.81	10.79	722	38	16
	0.8	17.15	8.62	632	27	14
200	1.0	17.15	10.96	698	32	15
	1.2	17.15	13.39	760	37	17
	0.8	20.25	10.17	677	27	15
250	1.0	20.25	12.97	739	31	16
	1.2	20.25	15.82	795	36	18
	0.8	23.22	11.63	719	27	16
300	1.0	23.22	14.85	777	31	17
	1.2	23.22	18.16	828	35	18

体 重 (千克)	日增重 (千克)	维持净能 (兆焦/天)	增重净能 (兆焦/日)	粗蛋白质 (克/日)	钙 (克/日)	磷 (克/日)
	0.8	26.11	13.05	759	27	17
350	1.0	26.11	16.69	813	30	18
	1.2	26.11	20.38	860	34	19
	0.8	28.83	14.43	798	27	18
400	1.0	28.83	18.45	849	30	19
	1.2	28.83	22.51	890	33	20
	0.8	31.46	15.77	835	27	19
450	1.0	31.46	20.13	881	29	20
	1.2	31.46	24.60	919	32	21
	0.8	34.06	17.07	871	27	20
500	1.0	34.06	21.80	914	29	21
	1.2	34.06	26.65	947	31	22

表 6-4 肥育公牛日粮的营养水平

体 重 (千克)	日增重 (千克)	干物质 采食量 (千克)	维持净能 (兆焦/千克)	增重净能 (兆焦/千克)	粗蛋白质 (%)	钙 (%)	磷 (%)
	0.8	4.23	5.77	3.43	13.8	0.66	0.31
150	1.0	4.35	6.53	4.02	15.1	0.76	0.33
	1.2	4.33	7.24	4.64	16.7	0.88	0.37
	0.8	5.25	5.77	3.43	12.0	0.51	0.27
200	1.0	5.39	6.53	4.02	12.9	0.59	0.28
	1.2	5.37	7.24	4.64	14.1	0.69	0.32

体 重 (千克)	日增重 (千克)	干物质 采食量 (千克)	维持净能 (兆焦/千克)	增重净能 (兆焦/千克)	粗蛋白质 (％)	钙 (％)	磷 (％)
	0.8	6.21	5.77	3.43	10.9	0.43	0.24
250	1.0	6.38	6.53	4.02	11.6	0.49	0.25
	1.2	6.35	7.24	4.64	12.5	0.57	0.28
	0.8	7.12	5.77	3.43	10.1	0.38	0.22
300	1.0	7.31	6.53	4.02	10.6	0.42	0.23
	1.2	7.28	7.24	4.64	11.4	0.48	0.25
	0.8	7.99	5.77	3.43	9.5	0.34	0.21
350	1.0	8.21	6.53	4.02	10.6	0.37	0.22
	1.2	8.17	7.24	4.64	10.5	0.42	0.23
	0.8	8.84	5.77	3.43	9.0	0.33	0.21
400	1.0	9.07	6.53	4.02	9.4	0.33	0.21
	1.2	9.03	7.24	4.64	9.9	0.37	0.22
	0.8	9.65	5.77	3.43	8.7	0.28	0.20
450	1.0	9.91	6.53	4.02	8.9	0.29	0.20
	1.2	9.87	7.24	4.64	9.3	0.32	0.21
	0.8	10.45	5.77	3.43	8.3	0.26	0.19
500	1.0	10.72	6.53	4.02	8.5	0.27	0.20
	1.2	10.68	7.24	4.64	8.9	0.29	0.21

二、蛋白质需要

肉牛在早期生长速度快,瘦肉比例大,对蛋白质的需要量也大。不同肉牛的蛋白质需要和日粮的营养水平详见表 6-1 至表 6-4。饲料加工、饲喂方法和饲料添加剂对蛋白质的需要量影响不大。对于架子牛和繁殖母牛,用豆科牧草就能满足蛋白质的维持需要,不必补饲蛋白质。对肥育牛和妊娠牛,每日需添加 0.5～1 千克蛋白质补充料。

如前所述,各种蛋白质在瘤胃的降解率不同,为肉牛提供的过瘤胃蛋白质的量也不同(表 6-5)。

表 6-5 不同饲料的过瘤胃蛋白质含量 (%)

名 称	过瘤胃蛋白质	名 称	过瘤胃蛋白质
鲜苜蓿	20	椰子粉	63
人工干燥苜蓿	59	黄玉米	52
初花期苜蓿干草	18	高水分玉米	80
中花期苜蓿干草	22	蒸汽压片玉米	68
盛花期苜蓿干草	28	玉米穗粉	50
成熟期苜蓿干草	35	玉米芯	50
苜蓿草块	35	玉米面筋饲料	25
苜蓿茎	40	玉米面筋粉	55
苜蓿青贮	23	乳熟期玉米青贮	25
苜蓿凋萎青贮	22	成熟期玉米青贮	40
大 麦	27	整株玉米	45
压片大麦	67	玉米秸	45
大麦青贮	25	棉籽饼	50
成熟期大麦青贮	35	棉籽粕	41
湿甜菜渣	30	棉籽壳	40
干甜菜渣	35	大麦白酒糟	60
血 粉	82	玉米白酒糟	57
湿啤酒糟	57	带可溶物白酒糟	47
干啤酒糟	49	水解羽毛粉	71
鱼 粉	60	粉碎高粱	60
牧草青贮	29	压片高粱	50

名　称	过瘤胃蛋白质	名　称	过瘤胃蛋白质
亚麻籽粕	35	高粱青贮	50
肉骨粉	49	整粒大豆	26
肉　粉	63	大豆粕(含 44%蛋白质)	26
燕　麦	17	大豆粕(含 49%蛋白质)	23
燕麦青贮	25	大豆饼(120℃加热)	59
鲜鸭茅	25	大豆饼(130℃加热)	71
干鸭茅	30	大豆饼(140℃加热)	82
花生粕	25	甲醛保护大豆饼	80
豌　豆	22	向日葵粕	26
菜籽粕	28	带壳向日葵饼	40
黑　麦	19	花前期猫尾鲜草	20
鲜黑麦草	48	初花期猫尾干草	25
小　麦	22	盛花期猫尾干草	35
小麦麸	29	猫尾草青贮	25
小麦次粉	21	小麦秸	80
氨化小麦秸	25		

　　尿素在瘤胃内 100%降解,可以用尿素代替日粮中 30%的饲料蛋白质。对 6 月龄以前的犊牛,因瘤胃微生物发育不充分,不能饲喂尿素。鱼粉的降解率低,为肉牛提供的过瘤胃蛋白质多,但其成本较高。对肉牛用 0.4%的甲醛保护豆饼后,每日每头牛豆饼的用量可以从 1.68 千克减到 1.34 千克。日粮中蛋白质不足时会导致肉牛食欲下降、失重和停止生长。

三、矿物质需要

　　牛体对所需矿物质据其数量,可分为常量元素(钙、磷、镁、钾、氯、硫)和微量元素(锰、铜、锌、钴、铁)。

肉牛对矿物质的缺乏和硒、氟、钼元素过量都十分敏感。保证矿物质需要量的较好方法是在肥育牛场放置两个盐盒,另一个内含碘化食盐,一个内含必需的微量元素,供肉牛自由采食。肉牛对钙和磷的需要量见表6-1,表6-2。对微量元素的需要量和最大耐受量见表6-6、表6-7。

表6-6 肉牛对矿物质中元素需要量和最高耐受量

名　　称	需要量	最高耐受量	名　　称	需要量	最高耐受量
钠(%)	0.08	10.00(指氯化钠)	碘(毫克/千克)	0.5	50.0
钾(%)	0.65	3.00	铁(毫克/千克)	50	1000
镁(%)	0.10	0.40	锰(毫克/千克)	40	1000
硫(%)	0.10	0.40	硒(毫克/千克)	0.20	2.00
钴(毫克/千克)	0.10	5.00	锌(毫克/千克)	30	500
铜(毫克/千克)	8	115			

表6-7 肉牛对某些有毒元素的最高耐受量

名　　称	最高耐受量 (毫克/千克)	名　　称	最高耐受量 (毫克/千克)
铝	1000	氟	20~100
砷	50(有机砷100)	铅	30
溴	200	汞	2
镉	0.5	锶	2000

下面介绍肉牛对各种元素的需要量及应用的方法。

(一)常量元素

1. 钠(Na)和氯(Cl)　在肉牛饲养中,以饲喂食盐来满足钠和氯的需求。食盐在瘤胃、小肠和大肠内被吸收,通过尿液排出。缺乏的原因是:植物含钠量低;高温或劳役时,钠通过呼吸或汗的损失增加;哺乳母牛的钠排出量增加。钠的主要功能是维持渗透压,保持酸碱平衡和体液平衡,参与氨基酸转运、神经传导和葡萄糖吸收;氯是激活淀粉酶的必需因子、胃酸的成分,参与调节血液的酸碱性,缺乏时易表现为异食癖,肌肉萎缩,无食欲。只要饮水充足,不会出现食盐中毒现象。每日每头牛需要 2～3 克钠和 5 克氯,添加量占日粮的 0.3%。在放牧情况下,母牛每年需要 11.4 千克食盐。每牛每月食盐的具体用量如下:高精料肥育肉牛 0.3 千克;放牧肉牛 0.45～1.1 千克;只喂粗饲料的繁殖母牛 1.3 千克。

2. 钙(Ca)　钙主要在十二指肠内吸收,从粪中排出。肉牛一般不缺钙,粗饲料的含钙量多于精饲料。以喂粗饲料为主的肉牛不会缺钙,但饲喂秸秆时容易缺钙,因为其中的钙不容易被吸收。对以精饲料为主的肥育肉牛,要补充钙。钙主要用于合成骨骼、牙齿和牛奶,参与神经传导,肌肉兴奋。小牛缺钙会造成佝偻病,成年牛缺钙易造成骨软症。钙过量时会影响日增重以及对镁和锌的吸收。豆科作物和饼粕类饲料的含钙量高,也可用碳酸钙、石粉、骨粉、磷酸氢钙和硫酸钙补充钙的不足,其中骨粉和磷酸氢钙能同时补充钙和磷的不足。为了提高钙的利用率,钙、磷比必须保持 2∶1。常用的钙、磷补充料的主要成分见本章表 6-10。

3. 磷(P)　磷的吸收取决于肠道的酸碱度,钠、钙、铁、铝、镁、钾和脂肪都影响磷的吸收。例如,铁和铝容易与磷酸结合形成难溶性磷酸盐,从而影响磷的吸收。磷主要由粪中排出。肉牛普遍缺磷,在半干旱地区,尤其是土壤缺磷的地区,导致植物的含磷量低,成熟牧草的含磷量也很低。饼粕类饲料和动物产品内含磷量很高,精饲料含磷量也很高。磷存在于骨骼、大脑、肌肉、肝脏和肾脏中,是磷脂的组成成分,也是核酸和酶的成分,参与能量代谢。肉牛缺磷导致生长速度慢,食欲不振,饲料利用率低,有异食癖,关节僵硬,母牛繁殖率低,甚至死亡。磷的用量应该不超过日粮干物质的 1%,高磷容易造成尿结石。磷的主要来源有磷酸氢钙、脱氟磷酸盐、骨粉、磷酸钠和多聚磷酸等。钙和磷的最佳比例为 2∶1,

范围为 1：1 至 7：1。

4. 镁(Mg) 镁在小肠和大肠内吸收,内源镁通过粪排出,日粮内过量的镁从尿中排出。初春时牧草的含镁量低于 0.2%,放牧牛容易缺镁。镁在神经肌肉传导中有重要作用,是许多酶的激活剂。缺镁会造成痉挛症和丧失食欲,降低对干物质的消化率。对发病牛,每日每头可以补充 20 克镁。日粮干物质中含镁量超过 0.4% 时,就出现镁中毒,表现为腹泻,增重下降,呼吸困难。镁补充量为每千克体重 12~30 毫克,适宜水平为日粮干物质的 0.1%。镁的主要来源是碳酸镁、氧化镁和硫酸镁。

5. 钾(K) 钾主要在小肠内吸收,通过肾脏排出。钾是酶、肌肉和神经活动的必需元素,能改善适口性。缺乏时食欲下降,饲料利用率低,生长缓慢。钾占日粮干物质的适宜量为 0.65%,推荐范围为日粮干物质的 0.5%～1%,最高耐受量为日粮干物质的 3%,一般不会出现钾中毒。肉牛很少缺钾,只有喂高精饲料日粮时才需要补充钾,因为精饲料含钾量低于 0.5%。一般用氯化钾补充。粗饲料含钾量丰富,是钾的主要来源。钾过量时影响镁的吸收,但高钾高镁一起很容易引起尿结石。

6. 硫(S) 硫是蛋白质、某些维生素和多种激素的组成成分,蛋氨酸、胱氨酸和半胱氨酸都是含硫氨基酸。硫参与蛋白质、脂肪和碳水化合物的代谢。肉牛饲喂高精饲料日粮加非蛋白氮日粮时容易缺硫,缺硫时食欲下降,唾液分泌增加,眼神发呆,瘤胃微生物对乳酸的利用率降低。日粮干物质内硫的含量超过 0.4% 时就会导致中毒,表现为精神紧张、腹泻、肌肉抽搐。硫的添加量占日粮干物质的 0.1%。硫和钼的含量高时要增加铜的用量。不但要考虑硫的数量,还要考虑瘤胃微生物能利用的数量。饲喂含尿素日粮时,必须添加一定数量的硫,使氮、硫比不超过 15：1。

(二)微量元素

1. 钴(Co) 钴在瘤胃内被瘤胃微生物用于合成维生素 B_{12}。因此,肉牛对钴的需要实际上是瘤胃微生物对钴的需要,维生素

B_{12}主要在小肠吸收,由粪中排出。钴用于合成维生素 B_{12} 后,主要参与体内甲基和酶的代谢。土壤内缺乏钴的地区饲料内也缺钴,因此首先应了解土壤内钴的含量。肉牛缺钴会出现丧失食欲、贫血、体弱、消瘦等症状,最后死亡,造成严重的经济损失。缺钴时可以给肉牛注射维生素 B_{12},也可直接在肉牛日粮中补充钴。每 45千克食盐加 6 克氯化钴或硫酸钴或氧化钴或碳酸钴,很少出现钴中毒现象,钴的最高耐受量为日粮干物质的 5 毫克/千克,推荐用量为日粮干物质的 0.1 毫克/千克。

2. 铜(Cu) 铜在十二指肠上端吸收,主要从粪中排出,锌和银对铜的吸收有拮抗作用。铜参与血红蛋白的合成、铁的吸收、酶的代谢和繁殖。土壤内缺铜是导致饲料内缺铜的主要原因,铜的缺乏症很常见,表现为脱毛、贫血和骨骼发育异常。为了防止缺铜,可按日粮干物质的 4 毫克/千克添加。也可在食盐中添加0.25％～0.5％的硫酸铜。发现铜缺乏症时,可以按每日喂 0.3 克硫酸铜,连续喂 10 天进行治疗。铜的喂量过多时会在肝脏中蓄积,造成中毒。肉牛对铜的最大耐受量为日粮干物质的 115 毫克/千克。当钼和无机硫的含量高时,应该提高铜的用量,牧草的钼含量高时,可在食盐或矿物质预混料中添加0.25％～0.5％硫酸铜或氧化铜。

3. 碘(I) 碘主要在瘤胃内吸收,通过肾脏排出。土壤内缺乏碘时容易导致肉牛缺碘,喂菜籽饼、豆饼和棉籽饼也影响碘的代谢。碘主要用于合成甲状腺激素,参与机体代谢,缺碘会影响甲状腺代谢,造成甲状腺肿,阻碍生长。在缺碘地区,可在食盐内加入0.01％碘化钾(含碘 76 毫克/千克)。肉牛对碘的最大耐受量是50 毫克/千克。碘中毒时会出现丧失食欲、昏迷和死亡。在日粮内的最佳含量为干物质的 0.2～2 毫克/千克。碘的添加剂有碘酸钙、碘酸钾、碘化钾和碘酸钠。

4. 铁(Fe) 铁主要在十二指肠内吸收,通过尿和粪排出。犊牛饲喂牛奶时间过长时容易发生缺铁,因为牛奶的含铁量低于 10

毫克/千克,20 周龄以后的牛很少缺铁,一般认为饲料内铁的含量丰富,能满足肉牛的营养需要量。铁是血红蛋白的成分,参与体内氧的运输和细胞呼吸。缺铁导致贫血、黏膜苍白、舌乳头萎缩和日增重降低。肉牛对铁的最大耐受量为 1 000 毫克/千克,铁中毒时采食量和日增重均下降。日粮内铁的适宜含量为犊牛 100 毫克/千克,成年牛 50 毫克/千克。补铁的添加剂有硫酸亚铁、碳酸亚铁、氧化铁和氯化铁。

5. 锰(Mn) 锰由小肠吸收,主要从粪中排出。锰参与肉牛的繁殖,骨骼的形成和中枢神经系统的功能,是许多酶的成分。大多数粗饲料含锰丰富,高精料日粮容易缺锰。饲料缺锰时造成犊牛关节变大、僵硬、腿弯曲,体弱且骨骼短小,公牛精子异常,母牛排卵不规律,受胎率低,易造成妊娠牛的流产。肉牛的最大耐受量是 1 000 毫克/千克,很少出现锰中毒。母牛和公牛日粮中锰的适宜含量为 40 毫克/千克,肥育牛为 20 毫克/千克。当日粮钙和磷的比例上升时,对锰的需要量增加。缺锰时可用氧化锰、硫酸锰和碳酸锰补充。

6. 钼(Mo) 钼在小肠吸收,从尿中排出,是氧化酶的组成成分。许多饲料的含钼量为每千克干物质 15～30 毫克,肉牛没有发生过缺钼症。肉牛对钼的最大耐受量为 6 毫克/千克。钼中毒症较常见,有区域性特征,表现为腹泻和丧失食欲。日粮内钼过量时干扰铜的吸收。每头牛每日喂 1 克铜可治疗钼中毒。

7. 硒(Se) 硒在十二指肠吸收,由粪中排出,是谷胱甘肽酶的成分。肥育牛的适宜水平为 0.1 毫克/千克。可能会出现区域性缺乏症,母牛缺硒容易造成胎衣不下,犊牛死亡率高,犊牛白肌病多,断奶体重低,可以用亚硒酸钠补充。当日粮干物质内硒的含量超过 10～30 毫克/千克时,会造成硒中毒,出现食欲丧失,尾毛脱落。

8. 锌(Zn) 锌主要在皱胃和小肠内吸收,通过粪排出。锌的主要功能是水解酶、肽酶和磷酸酶的激活剂。肉牛的需要量为干物质含量的 30 毫克/千克,放牧时肉牛通常缺锌。肥育肉牛缺锌时主要表现为生长缓慢,没有其他特殊症状。植酸和钙都影响锌的吸收,因此日粮内补锌能提高肥育牛的日增重和饲料利用率。一般用硫酸锌或碳酸锌补充。

四、维生素需要

维生素对于牛体的正常生命活动及生长发育是必需的营养,具有很高的生物学活性,在机体的代谢过程中起"催化"作用。日粮中加入适量的维生素,可以促进和改善营养物质的利用。牛瘤胃可以合成足够的B组维生素和维生素K,但脂溶性维生素(A、D、E)必须从饲料中供给和满足。

严重缺乏维生素会造成肉牛死亡。生产中一般会出现中等程度的维生素缺乏症,不表现任何症状,但影响生长速度,造成巨大的经济损失。犊牛必须从饲料内获得各种维生素,优质牧草可以提供维生素A和维生素D。

(一)脂溶性维生素

肉牛对脂溶性维生素的需要量见表6-8。

表6-8　肉牛对脂溶性维生素的需要量　(单位/千克日粮干物质)

名　称	肥育牛	干奶妊娠牛	泌乳牛
维生素A	2200	2800	3900
维生素D	275	275	275
维生素E	15～60	—	15～60

1. 维生素A　维生素A是肉牛日粮中最容易缺乏的维生素,给肉牛饲喂高精料日粮或饲料贮存时间过长容易缺乏维生素A,造成采食量下降、皮肤粗糙、生长速度减慢,严重时发生夜盲症。植物性饲料内虽然有胡萝卜素(是维生素A的前体),但是很容易被氧化破坏,并且肉牛转化胡萝卜素为维生素A的效率很低。在肉牛饲养中,必须考虑动物体内维生素A的贮存量,从草原过来的架子牛维生素A贮存量很低。饲料加工对维生素A的破坏或

混合日粮内的氧化剂对维生素 A 的破坏。饲料贮存过程中胡萝卜素的损失。

2. 维生素 D 维生素 D 可以调节钙和磷的吸收。用高青贮日粮和高精饲料日粮肥育肉牛时容易缺乏维生素 D,主要会影响骨骼的生长。犊牛缺乏时出现佝偻病,成年牛缺乏时出现软骨症。如果肉牛每日能晒 6～8 小时太阳,就不会缺乏维生素 D,因为在阳光紫外线的照射下,皮肤中的脱氢胆固醇可以转变成维生素 D。

3. 维生素 E 肉牛日粮内应该添加维生素 E,因为维生素 E 能促进维生素 A 的利用,其代谢又与硒有关联,缺乏时容易造成白肌病。

4. 维生素 K 在正常情况下,瘤胃微生物能合成足够的维生素 K。但是当给肉牛饲喂霉变的草木犀时,会导致维生素 K 缺乏,发生草木犀出血病。因为霉变的草木犀内含有大量的草木犀醇,与维生素 K 有拮抗作用。维生素 K 能促进肝脏合成凝血酶原及凝血因子,缺乏时会造成凝血时间延长,发生皮下、肌肉和胃肠出血。

(二)水溶性维生素

1. B 族维生素 瘤胃发育之前的犊牛需要补充硫胺素、生物素、烟酸、吡哆醇、泛酸、核黄素和维生素 B_{12} 等 B 族维生素。成年牛的瘤胃微生物可由钴来合成维生素 B_{12},因此只要不缺乏钴,一般不缺乏维生素 B_{12}。

2. 维生素 C 对肉牛一般不考虑维生素 C 的需要量,因为牛瘤胃中的微生物能够合成足够的维生素 C。

五、水需要

水在肉牛体内主要参与饲料的消化吸收、粪便排出和调节体温。水的需要量受肉牛的体重、环境温度、生产性能、饲料类型和采食量的影响。当水内含盐量超过 1% 时,就会使肉牛中毒。含过量亚硝酸和碱的水对肉牛有害。在 4℃ 之内,肉牛的需水量较为恒定,夏天饮水量增加,冬季饮水量减少(表6-9)。冬季给肉牛的水只要保持不结冰即可,无需额外加热。

表6-9　肉牛每日对水的需要量　(升)

体重(千克)	环　境　温　度　(℃)					
	4.4	10.0	14.4	21.1	26.6	32.2
生长牛:						
182	15.1	16.3	18.9	22.0	25.4	36.0
273	20.1	22.0	25.0	29.5	33.7	48.1
364	23.8	25.7	29.9	34.8	40.1	56.8
肥育牛:						
273	22.7	24.6	28.0	32.9	37.9	54.1
364	27.6	29.9	34.4	40.5	46.6	65.9
454	32.9	35.6	40.9	47.7	54.9	78.0
妊娠牛:						
409	25.4	27.3	31.4	36.7	—	—
500	22.7	24.6	28.0	32.9	—	—
产奶牛:						
409	43.1	47.7	54.9	64.0	67.8	61.3
成年公牛:						
636	30.3	32.6	37.5	44.3	50.7	71.9
727	32.9	35.6	40.9	47.7	54.9	78.0

第二节　日粮配合的方法

一、日粮、饲粮、全价饲料、预混料的概念

日粮:指1昼夜1头家畜所采食的饲料量。

饲粮:按日粮饲料的百分比配得的大量混合饲料。

全价饲料:全价饲料包含动物所需的全部营养成分。对于肉牛,粗饲料和精饲料分开饲喂与混合饲喂效果一样,主要取决于方便与否。

预混料:预混料的主要功能是为肉牛提供微量营养成分,包括微量元素、维生素、其他添加剂和载体。预混料主要由技术条件较好的工厂生产。

二、日粮配合的要点

在配合肉牛饲粮时,可以把饲料分为三类:精饲料;粗饲料;补充料。

(一)配合日粮的原则

由于肉牛肥育时使用的饲料种类较少,因此配方相对较容易掌握。有以下几个原则。

第一,清楚牛群的整体情况,包括年龄、品种、体重、肥育阶段和肥育目的,以肉牛的营养需要或饲养标准为依据,灵活运用确定投入方式。

第二,日粮尽可能由多种饲料组成,适口性好,消化率高,避免饲料单一,营养不全。

第三,了解肉牛的营养需要,即达到一定日增重对能量、蛋白质和钙、磷的需要量。

第四,组成肉牛日粮的饲料要尽可能符合肉牛的营养消化特点,注意精、粗饲料之间的比例。肉牛是草食家畜,需要采食一定量的粗纤维,才能保证正常的消化功能。

第五,选择饲料时,要因地制宜根据当地数量多、来源广、价格低廉的饲料,按最优经济收入原则选择饲料原料,以降低饲料成本。

(二)配合日粮的基本方法

按干物质(或风干物质)计算营养需要量的方法。

第一,根据生产水平、体重,先查饲养标准表,确定需要量。

第二,查饲料成分表,列出饲料的营养成分。

第三,进行计算和平衡比较,调整配方(按标准规定值)。

第四,进行生产检验和个体观察,灵活运用标准定量。

第五,纤维素不低于17%,蛋白质与碳水化合物的比例为1：5至1：7为好,钙、磷比为1.3：1。

(三)配合日粮注意事项

第一,注意饲料原料的价格(运输到牛场的最终价格)。

第二,大批量购买时,要首先测定饲料的含水量。含水量高时容易造成饲料霉变,同时使饲料成本升高。

第三,注意饲料的适口性。

(四)饲料成分表

肉牛常用饲料成分及营养价值参见表 6-10。

表 6-10　肉牛常用饲料成分及营养价值表

饲料种类	饲料名称	干物质(%)	干　物　质　中					
			维持净能(兆焦/千克)	增重净能(兆焦/千克)	粗蛋白质(%)	粗纤维(%)	钙(%)	磷(%)
青绿饲料	甘薯藤	13.0	5.16	2.34	16.2	19.2	1.54	0.38
	黑麦草	18.0	6.44	4.05	18.0	23.3	0.72	0.28
	象　草	20.0	4.77	2.42	10.0	35.0	0.25	0.10
青贮类	玉米青贮	22.7	4.77	2.42	7.0	30.4	0.44	0.6
	玉米青贮(收获后黄贮)	25.0	4.60	2.09	5.6	35.6	0.40	0.08
	苜蓿青贮	33.7	5.48	3.09	15.7	38.0	1.48	0.30
	甜菜叶青贮	37.5	5.56	3.01	4.6	19.7	1.04	0.27

饲料种类	饲料名称	干物质（%）	干物质中					
			维持净能（兆焦/千克）	增重净能（兆焦/千克）	粗蛋白质（%）	粗纤维（%）	钙（%）	磷（%）
块根块茎类	胡萝卜	12.0	8.70	5.73	9.2	10.0	1.25	0.75
	马铃薯	22.0	7.94	5.31	7.5	3.2	0.09	0.14
	甜菜	15.0	8.11	5.43	13.3	11.3	0.40	0.27
	甜菜丝干	88.6	7.06	4.64	8.2	22.1	0.74	0.08
	芜菁甘蓝	10.0	8.74	5.98	10.0	13.0	0.60	0.20
干草类	羊草	91.6	4.72	1.63	8.1	32.1	0.40	0.20
	苜蓿干草	92.4	5.14	2.38	18.2	31.3	2.11	0.30
	野干草（秋白草）	85.2	4.31	0.84	8.0	32.3	0.48	0.36
	碱草（结实期）	91.7	4.10	0.25	8.1	45.0	—	—
农副产品类	玉米秸	90.0	4.06	1.76	6.6	27.7	0.57	0.10
	小麦秸	89.6	2.68	0.46	3.6	41.6	0.18	0.05
	稻草	89.4	4.18	0.54	2.8	27.0	0.08	0.06
	谷草	90.7	4.51	1.21	5.0	35.9	0.37	0.03
	花生藤	91.0	4.77	2.12	10.8	33.2	1.23	0.15
谷实类	玉米	88.4	9.41	6.01	9.7	2.3	0.09	0.24
	高粱	89.3	8.65	5.29	9.7	2.5	0.10	0.31
	大麦	88.8	7.98	5.31	12.2	5.3	0.14	0.33
	稻谷	90.6	7.98	5.31	9.2	9.4	0.14	0.31
	燕麦	90.3	7.77	5.18	12.8	9.9	0.17	0.37
	小麦	91.8	8.95	5.89	13.2	2.6	0.12	0.39

饲料种类	饲料名称	干物质(%)	干 物 质 中					
			维持净能(兆焦/千克)	增重净能(兆焦/千克)	粗蛋白质(%)	粗纤维(%)	钙(%)	磷(%)
糠麸类	小麦麸	88.6	6.85	4.33	16.3	10.4	0.20	0.88
	玉米皮	87.9	6.69	4.31	11.0	15.7	0.32	0.40
	米 糠	90.2	8.32	5.56	13.4	10.2	0.16	1.15
	黄面粉(土面粉)	87.2	9.11	5.98	10.9	1.5	0.09	0.50
	大豆皮	91.0	6.14	3.72	20.7	27.6	—	0.38
饼粕类	豆 粕	90.6	9.65	5.75	47.5	6.3	0.35	0.55
	菜籽饼	92.2	7.73	5.14	39.5	11.6	0.79	1.03
	胡麻饼	91.1	7.90	5.25	39.4	9.8	0.43	0.33
	花生饼	89.0	8.53	5.96	55.2	6.0	0.34	0.33
	棉仁饼(去壳)	89.6	7.77	5.18	36.3	11.9	0.30	0.90
	向日葵饼(去壳)	92.6	6.14	3.68	49.8	12.7	0.57	0.33
糟渣类	高粱酒糟(脱水)	94.0	8.49	5.73	34.4	12.7	0.16	0.74
	玉米酒糟(脱水)	94.0	8.86	6.06	23.0	12.1	0.11	0.48
	玉米粉渣(脱水)	90.0	8.49	5.73	25.6	9.7	0.36	0.82
	马铃薯粉渣	15.0	6.40	4.01	6.7	8.7	0.40	0.27
	啤酒糟	23.4	6.73	3.97	29.1	16.7	0.38	0.77
	甜菜渣	8.4	7.19	4.60	10.7	31.0	0.95	0.60
	豆腐渣	11.0	9.03	5.94	30.0	19.1	0.45	0.27
	酱油渣	22.4	6.31	3.93	31.2	13.6	0.49	0.13

饲料种类	饲料名称	干物质（%）	干 物 质 中					
			维持净能（兆焦/千克）	增重净能（兆焦/千克）	粗蛋白质（%）	粗纤维（%）	钙（%）	磷（%）
矿物质	蚌壳粉	99.3	—	—	—	—	40.82	—
	贝壳粉	98.6	—	—	—	—	34.76	0.02
	骨　粉	94.5	—	—	—	—	31.26	14.17
	蛎　粉	99.6	—	—	—	—	39.23	0.23
	磷酸钙	—	—	—	—	—	27.91	14.38
	磷酸氢钙	99.8	—	—	—	—	21.85	8.64
	石　粉	—	—	—	—	—	55.67	0.11
	碳酸钙	99.1	—	—	—	—	35.19	0.14
	蛋壳粉	91.2	—	—	—	—	29.33	0.14

三、计算日粮配方的方法

在计算肉牛日粮配方前，首先要了解肉牛的体重、采食量和日增重，然后从肉牛的饲养标准中查出每日每头牛的营养需要量，再从肉牛常用饲料的成分与营养价值表中查出现有饲料的营养成分，根据营养成分进行计算，合理进行搭配。计算肉牛的日粮配方有许多种方法，其中最常用的就是对角线法和试差法，但近年来由于计算机的准确快捷，用专门的配方软件进行日粮配合和计算也已越来越普遍。

（一）对角线法

〔举例〕 为体重 300 千克的生长肥育牛配制日粮，日粮含精饲料 70%、粗饲料 30%，要求每头牛日增重 1.2 千克，饲料原料选玉米、棉仁饼和小麦秸粉。步骤如下。

第一,从表6-4中查出300千克体重肉牛日增重1.2千克所需的各种养分。

干物质:7.28千克/日。

粗蛋白:质11.40%×7.28千克=0.83千克/日。

维持净能:7.24兆焦/千克×7.28千克=52.71兆焦/日。

增重净能:4.64兆焦/千克×7.28千克=33.78兆焦/日。

第二,从表6-10中查出玉米、小麦秸和棉仁饼的营养成分含量。

第三,查出小麦秸提供的粗蛋白质含量:30%×3.6%=1.08%。

第四,计算日粮中玉米和棉仁饼的比例。

全部日粮需要的粗蛋白质量为:(0.83/7.28)×100%=11.4%。

粗饲料(小麦秸)提供的蛋白质为1.08%。

玉米和棉仁饼应该提供的粗蛋白质为:(11.4-1.08)×100%=10.32%。

精饲料部分应含有的粗蛋白质为:(10.32/0.7)×100%=14.74%。

仅用玉米时粗蛋白质不够,要用棉仁饼补充,用对角线法计算如下。

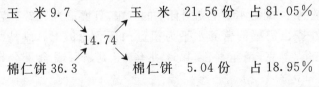

玉　米 9.7		玉　米　21.56 份　占81.05%
	14.74	
棉仁饼 36.3		棉仁饼　5.04 份　　占18.95%

合　计 26.6 份　　　　　100%

计算玉米和棉仁饼的比例。

玉米:(21.56/26.6)×100%=81.05%。

棉仁饼:(5.04/26.6)×100%=18.95%。

由于日粮中精饲料只占 70%，所以玉米在日粮中的比例应为：70% × 81.05% = 56.74%；棉仁饼的比例应为：70% × 18.95% = 13.26%。

第五，把配成的日粮的营养成分与营养需要比较（表 6-11），检查是否符合要求。

表 6-11　300 千克生长肥育牛日粮组成

饲料名称	干物质 （千克）	粗蛋白质 （千克）	维持净能 （兆焦）	增重净能 （兆焦）
玉　米	56.74	5.50	533.92	341.01
棉仁饼	13.26	4.81	103.03	68.69
小麦秸	30.00	1.08	80.40	13.80
合　计	100.00	11.39	717.35	423.50
营养需要	7.28	0.83	52.71	33.78
日粮供应	7.28	0.83	52.22	30.83

（二）营养试差法

对角线法配制肉牛饲粮虽然简单容易，但主要考虑了粗蛋白质的含量，没有把能量、矿物质考虑进去。营养试差法则考虑了各种养分的需要。

［举例］　配制 450 千克肥育牛的日粮，日增重为 1.2 千克，从表 6-4 中查出需要的营养水平为粗蛋白质含量 9.3%，维持净能 7.24 兆焦/千克，增重净能 4.64 兆焦/千克，钙、磷含量分别为 0.32% 和 0.21%。

第一，从饲料营养表中查出各种饲料的成分。

第二，根据经验先列出配方并分项目计算出各种指标（如维持净能、增重净能、粗蛋白质、钙、磷等），见表 6-12。

表 6-12　450 千克肉牛肥育经验日粮配方

饲料名称	所占比例（%）	维持净能（兆焦/千克）	增重净能（兆焦/千克）	粗蛋白质（%）	钙（%）	磷（%）
玉 米	69.5	6.54	4.18	6.74	0.06	0.17
豆 饼	5.0	0.39	0.26	1.82	0.02	0.05
玉米秸	25.0	1.02	0.44	1.65	0.14	0.03
食 盐	0.3	—	—	—	—	—
石 粉	0.2	—	—	—	0.11	—
合 计	100	7.95	4.88	10.21	0.33	0.25

第三,检查第二步计算结果,并和需要对比:能量指标基本符合要求,粗蛋白质水平略高。要设法保持能量指标不变或稍微下调一点,而主要下调粗蛋白质的水平。为此,要降低豆饼用量,增加玉米秸用量,重新计算如表 6-13,基本符合要求。

表 6-13　450 千克肉牛肥育日粮配方

饲料名称	所占比例（%）	维持净能（兆焦/千克）	增重净能（兆焦/千克）	粗蛋白质（%）	钙（%）	磷（%）
玉 米	69.5	6.54	4.18	6.74	0.06	0.17
豆 饼	3.0	0.23	0.16	1.09	0.01	0.03
玉米秸	27.0	1.10	0.48	1.78	0.15	0.03
食 盐	0.3	—	—	—	—	—
石 粉	0.2	—	—	—	0.11	—
合 计	100	7.87	4.82	9.61	0.33	0.23

(三)电脑法

目前国外较大型肉牛场或饲料加工厂都广泛采用计算机进行饲粮配合的计算,有方便、快速和准确的特点,能充分利用各种饲料资源,降低配方成本。现在市场上已有专用饲料配方软件,数据量大,计算速度快,操作便捷。

四、配合饲料的加工

　　配合饲料是根据家畜的不同品种、不同生长阶段和生产水平对各种营养成分的需要量和饲料资源、价格情况,经线性规划法优选出营养完善、价格便宜的科学配方,将多种饲料按一定比例,经工业生产工艺配制和生产出均匀度高,能直接饲喂的商品饲料。配合饲料所含的营养成分的种类和数量均能满足各种动物的生长与生产的需要,使其达到一定的生产水平。

　　在发达国家饲料混合车的发展使肥育场能够为牛饲喂配合饲粮。这种饲料混合车在规模化牛场中十分有用,并且可以将大量副产品混入饲粮内饲喂。在生产中,这种配合饲粮是精饲料和粗饲料的松散混合体。

　　把各种饲料混合在一起制作配合饲料的目的是减小颗粒体积,防止牛挑食。同时又要注意颗粒不能太小,以免影响瘤胃发酵。

第七章 肉牛的饲养管理

第一节 种公牛的饲养管理

种公牛饲养管理的目标主要是让种公牛保持一个健壮的体质,以达到提供优良精液、延长利用年限的目的。

一、种公牛的饲养

根据种公牛的营养需要,在日粮的安排上,应该是全价营养,多样配合,适口性强,容易消化,精、粗、青饲料要搭配得当。为提高采精数量和精液质量,优质蛋白质原料尤其重要。

种公牛饲料中多汁饲料和粗饲料虽然适口性好,富含多种维生素和粗纤维,是种公牛不可缺少的饲料,但它们的营养浓度低,长期喂量过多,会使种公牛消化器官容积扩大,形成"草腹",影响种用效能。玉米等谷物子实富含碳水化合物,能量高,常用于平衡日粮的能量,但是喂量过多易于造成牛体过肥,精液品质下降。豆饼等富含蛋白质的精料是种公牛的良好饲料,有利于精子形成,但属于生理酸性饲料,饲喂过多时不利于精子的形成。青贮饲料本身含有多量的有机酸,不利于精子的形成,应该少喂。种公牛日粮要求科学搭配、原料多样性和稳定性。

生产中可参考以下推荐喂量:每日精饲料按每 100 千克体重给予 0.4～0.6 千克。但每日每头精饲料喂量最好不要超过 8 千克,以 5～6 千克为宜。青、粗饲料按每 100 千克体重给予干草 1～1.5 千克,青贮 0.6～0.8 千克,胡萝卜 0.8～1 千克,青、粗饲料的全天喂量控制在 10～12 千克为宜。夏季饲喂青割草(中等品质,以禾本科草为主),每 100 千克体重可喂给 2～3 千克。此外,在采精旺期,每头种公牛每日可补喂鸡蛋 0.4～0.5 千克,或牛奶 2～3 千克,或鱼粉 100～150 克,钙补充剂每日给予 100～150 克,食盐 70～80 克。同时供应充足、新鲜的饮水。

二、种公牛的管理

要管理好公牛,首先应了解它的生理特性和习性。从生理的角度看,种公牛和其他的种公畜不太一样,它具有"三强"的特性,即记忆力强、防御反射强和性反射强。记忆力强:种公牛对它周围的事物和人,只要曾经接触过,便能记得住,印象深刻者,多年也不会忘记。例如,过去给它进行过医疗的兽医人员或者曾严厉鞭打过它的人,接近时即有反感的表现。防御反射强:种公牛具有较强的自卫性。当陌生人接近时,立即表现出要攻击的姿势。因此,不了解公牛特性的外来人,切勿轻易接近它。性反射强:公牛在采精时,勃起反射、爬跨反射与射精反射都很快,射精时冲力很猛,如长期不采精,或采精技术不良,公牛的性格就会变坏,容易出现顶人的恶癖,或者形成自淫的坏习惯。公牛个体之间,尽管在性格上各有不同,有的脾气暴躁,有的性格温驯,但三个特性都是共同存在的。总之,在饲养管理种公牛的过程中要注意"恩威并施,驯导为主"。

种公牛采取单栏,专人饲养、采精等操作,以利于人牛亲和。牛舍地面宜采用"三七土"为宜,水泥、砖、煤渣等地面均易导致肢蹄病。为了增强种公牛的体质和提高其种用价值,日常管理中应做好以下几项工作。

第一,拴系。育成种公牛 10～12 月龄时穿鼻戴鼻环,并经常牵引训练,使之性格温驯。鼻环须用皮带吊起后系在三角带上,三角带上拴两条绳,通过鼻环左右分开牢固地拴系在两侧立柱上,以免其脱缰。

第二,牵引。应坚持双绳牵引,由 2 人分别在牛的左前面和右后面牵引,人和牛保持一定的距离。

第三,运动。要求种公牛上、下午各运动 1 次,每次1.5～2 小时,行程 4 千米左右。运动方式有旋转架运动、钢丝绳运动、拉车运动等。运动不足会使种公牛的性情变坏,精液品质下降,并易患肢蹄病和消化系统疾病等。

第四,刷拭。坚持每日定时刷拭牛体,保持牛体清洁。刷拭的重点是两角间、额部及颈部等处。夏季还应给其淋浴,边淋边刷,浴后及时把牛体擦干。

第五,按摩睾丸。结合刷拭每日坚持按摩睾丸 1 次,每次 5～10 分钟,可提高种公牛的精液品质。

第六,护蹄。饲养员要随时检查种公牛的蹄,经常保持其蹄壁、蹄叉洁净,每年春、秋季各修 1 次蹄。

第二节　繁殖母牛的饲养管理

受胎率和犊牛断奶重是肉牛业成功与否的两个最重要因素,它们都受饲料、饲养条件的影响,因此繁殖母牛的生产性能在整个肉牛业中占有重要地位。繁殖母牛的营养需要包括维持、生长(未成年母牛)、繁殖和泌乳的需要。这些需要可以用粗饲料和青贮饲料满足。繁殖母牛的营养需要受母牛个体、产奶量、年龄和气候的影响。其中母牛个体的影响最大。母牛个体越大,生出的犊牛也越大。母牛体重每增加 45 千克,犊牛断奶重就增加 0.5～7 千克。大型母牛对饲料的需要量高,因此饲养母牛的牛场应该注意:大犊牛的价格是否能超过母牛多吃饲料的成本。大犊牛出生时能否造成难产。母牛产犊率主要受犊牛出生前 30 天和出生后 70 天营养状况的影响,这 100 天是母牛-犊牛生产体系中最关键的时期。

一、母牛饲养中的关键性营养问题

第一,对繁殖母牛,应该牢记能量是比蛋白质更重要的限制因子。

第二,缺乏磷对繁殖率有不良影响。

第三,补充维生素 A,可以提高青年母牛的繁殖力。

第四,产犊前后 100 天的饲料、饲养状况对母牛的发情率和受胎率起决定作用。产犊后,由于母牛产奶增加,对饲料的需要量大幅度增加。因此,哺乳期母牛的营养需要量要比妊娠期高 50%,否则会导致母牛体重下降,不能发情或受胎。

第五,在妊娠期间,母牛的增重至少要超过 45 千克,产犊后每日增重 0.25～0.3 千克,直到配种完毕。如果母牛产犊时体况瘦弱,产后的日增重应该达到 0.3～0.9 千克。这样,产犊前每日需要饲喂 6～10 千克中等质量的干草,产犊后每日要饲喂 6～12.7 千克干草加 2 千克精饲料,同时应注意蛋白质、矿物质和维生素的供应。

第六,母牛有无营养性繁殖疾病可以从 3 点判断:在发情季节能按正常周期(21 天)发情和配种的母牛很少。第一次配种的受胎率很低。犊牛 2 周内的成活率很低。

二、母牛的冬季饲养管理

对繁殖母牛,良好的冬季饲养条件可以提高繁殖力、犊牛初生重和断奶重。粗饲料可以作为妊娠牛冬季的主要饲料,也可以用青贮加干草。含杂物多或霉变的饲料绝对不能饲喂妊娠牛,否则容易造成流产。在晚秋和冬季给母牛喂质量很低的粗饲料时,要补充精饲料,补充的原则是不让母牛减轻体重,否则繁殖性能会受到严重影响。精料喂量可由以下 3 个原则确定:粗饲料的种类和数量;母牛的年龄和体况;母牛是干奶期还是哺乳期。

以干物质为基础,妊娠牛每日的饲料需要量如下:瘦母牛,占体重的 2.25%;中等体况的母牛,占体重的 2%;体况好的母牛,占体重的 1.75%。母牛哺乳期间对饲料的需要量应该相应增加 50%,因此哺乳牛和干奶牛应该分开饲养,这样既能满足哺乳牛的营养需要,又可防止干奶牛采食过量,浪费饲料。初生犊牛的身体物质组成水占 75%,蛋白质占 20%,灰分占 5%。1 头 35 千克的犊牛只有 8 千克干物质。因此,只要不处于哺乳期,妊娠牛的营养负担并不重,饲喂粗饲料最经济。

三、妊娠母牛的饲养管理

母牛妊娠初期,由于胎儿生长发育较慢,其营养需要较少,但这并不意味着可以忽视对妊娠初期母牛营养物质的供给,仍需保证妊娠初期母牛的中上等膘情。妊娠后期胎儿的增重较快,所需要营养物质较多,从妊娠第五个月起应加强饲养,对中等体重的妊娠牛,除供应平常日粮外,还需要每日补加精料1.5千克。妊娠最后2个月,每日应补加2千克精料饲,但不可将母牛喂得过肥,以免影响产犊。体重500千克妊娠牛中期的营养需要和冬季日粮的配方见表7-1、表7-2。妊娠后期禁喂棉籽饼、菜籽饼、酒糟等饲料,变质、腐败、冰冻的饲料不能饲喂,以防流产。

一般母牛配种妊娠后就应该专槽饲养,以免与其他母牛抢槽、抵撞,造成流产。每日坚持打扫圈舍,保持妊娠母牛圈舍清洁卫生,对圈舍及饲喂用具要定期消毒。经常刷拭,以保持牛体的清洁卫生。此外,妊娠牛要适当运动,增强母牛体质,促进胎儿生长发育,并可以防止难产。注意饲草料和饮水卫生,保证饲草料、饮水清洁卫生,不喂冰冻、霉变饲料,不饮脏水、冰水。妊娠后期的母牛要注意多观察,发现临产征兆应留在牛圈等待产犊。

表 7-1　体重 500 千克妊娠中期母牛的营养需要

营　养　物　质	需　要　量
干物质(日)	9.5 千克
代谢能(日)	5.9 兆焦/千克
蛋白质	7.8%
钙	0.21%
磷	0.26%
维生素 A	2.7 万单位

表 7-2　体重 500 千克妊娠牛的冬季日粮　（千克/日）

饲料名称	配　方　编　号				
	1	2	3	4	5
混合干草	8	—	—	—	4.5
混合牧草青贮	—	12	—	—	—
玉米或高粱青贮	—	—	15	—	—
秸秆青贮	—	—	—	20	—
秸　秆	—	—	—	—	4.5
补充料	—	—	0.2	0.45	—

四、哺乳母牛的饲养管理

　　哺乳期母牛是指母牛产犊到牛犊断奶为止的一段时间。产奶比妊娠需要的饲料量更多。哺乳母牛的能量需要量比妊娠牛高50%,蛋白质、钙和磷的需要量则高出 1 倍。产后头几天要喂给母牛易消化和适口性好的饲料,控制青贮饲料、青绿饲料及块根块茎类饲料的饲喂,对于干草可以让母牛自由采食,但要防止母牛急剧消瘦。一般来说产后 1 周,母牛可恢复正常喂量。产奶量的多少决定了犊牛的生长速度,为了提高产奶量,在冬季要给母牛补饲少量精饲料。一般秋季产犊的母牛在整个冬季每日要补饲 1.8～2.7 千克精饲料。500 千克哺乳母牛冬季的日粮配方见表 7-3。

　　不给哺乳母牛饲喂发霉变、腐败、含有残余农药的饲草料,且要注意清除混入草料中的铁钉、金属丝、铁片、玻璃等异物。最好每天能刷拭哺乳母牛的身体,清扫圈舍,保持圈合的清洁和卫生。夏季注意防暑,冬天注意防寒,拴系牛的疆绳长短宜适中。

表 7-3　体重 500 千克哺乳母牛的冬季日粮示例　（千克/日）

饲料名称	配　方　编　号				
	1	2	3	4	5
混合干草	13	—	—	9	4.5
混合牧草青贮	—	22	—	—	—
玉米或高粱青贮	—	—	27	—	18
能量精料	—	—	—	2	—
蛋白质补充料	—	—	0.6	—	—

五、产犊时间控制

产犊时间最好控制在白天,因为这时温度适宜,容易发现临产并及时接产,可以提高犊牛的成活率,也可减少电力消耗。如在产犊前 2 周开始把饲喂时间从下午 17 时推迟到 21 时,能使绝大部分犊牛在白天出生。

六、利用秸秆饲养母牛

母牛群的饲养要保证两点:一是维持中等体况,不影响产犊;二是要降低饲养成本。充分利用农作物秸秆资源是发展母牛群的可行方法。玉米秸和玉米芯的营养成分见表 7-4。

表 7-4　玉米秸和玉米芯的营养成分

营　养　成　分	玉米秸	玉米芯
维持净能(兆焦/千克)	4.61	5.70
增重净能(兆焦/千克)	1.60	2.69
粗蛋白质(%)	4.50	3.40
钙(%)	0.40	0.02
磷(%)	0.07	0.05

体重 500 千克的母牛每日能采食 11～12 千克适口性好的玉

米秸,对玉米芯的采食量更多。玉米秸和玉米芯能满足妊娠牛的能量需要,但是蛋白质、磷和维生素 A 稍微不足。因此,玉米秸是母牛从妊娠至产犊前 30 天最经济的饲料,每日每头牛只需要补饲 0.25 千克蛋白质含量 30%～40% 的补充料。对哺乳牛和生长牛要补充更多的蛋白质。例如,体重 500 千克的哺乳牛每日需要 1.23 千克粗蛋白质,而每日吃 13.2 千克玉米秸才能得到 0.5 千克粗蛋白质,还满足不了一半的需要量。所以,每日至少要补饲 0.9 千克含粗蛋白质 40% 的补充料或 2.7 千克豆科牧草。饲喂玉米秸时必须补磷,对泌乳牛还要补充钙。因此,建议补饲的钙、磷比为:妊娠牛为 1:2,产奶牛为 1:1。母牛产犊前每日每头对维生素 A 的需要量为 27 毫克,产犊后为每日每头 3.9 毫克。补充维生素 A 有两种方法,一种是将维生素 A 添加在饲料内,一种是肌内注射。

七、草地饲养母牛

利用草地放牧母牛,不仅劳动力消耗少,而且成本低,无需设备和建筑投资。但是在营养上有明显缺陷,主要表现在以下几个方面。

(一)能　量

初春的牧草含水量高,秋季的牧草纤维含量高,冬季的牧草质量差,这些因素都有可能使草场上牛群的能量供应不足,导致母牛体重下降,不发情,受胎率低,犊牛成活率低。因此,对在初春、秋季和冬季放牧的母牛,要补充能量。

(二)蛋白质

牧草成熟后的蛋白质含量低于 3%。因此,需要补充蛋白质饲料。为了降低成本,补充的蛋白质量只要满足维持需要量即可,每日每头约需 0.9 千克精料。

(三)矿物质

应该常年给母牛补充食盐。每头放牧母牛每年约需 11.4 千克。放牧母牛常常缺磷,严重缺磷会导致厌食和生长停滞,不发情,甚至死亡。这主要是因为冬季牧草磷的含量减少 49%~83%。增加磷的供给量会使产犊增重约 24 千克。应该保持磷的常年均衡供应,而不仅仅是冬天补饲。

在缺硒地区,补硒会获得较高的利润。给妊娠牛补硒能使犊牛断奶重增加 22 千克。给 2~3 月龄的犊牛注射硒和维生素 E 可使犊牛的断奶重增加 33.6 千克。

(四)维生素

母牛妊娠期间缺乏维生素 A 会导致流产、弱胎或死胎,使母牛不能受胎。而冬季劣质牧草几乎不含胡萝卜素。因此,必须另外补充。在阳光照射不充分的地区,也要考虑补充维生素 D。

八、母牛的集约化饲养

母牛集约化饲养的主要饲料是粗饲料,其次是蛋白质饲料、谷物、维生素和矿物质等补充料。母牛的饲养应该采取阶段饲养法。

干奶妊娠牛的营养需要量较低,低质粗饲料加少量补充料即可满足。优质干草应该限量饲喂,否则会导致母牛过肥。把低劣粗饲料与优质干草结合饲喂母牛效果最好,既能满足需要量,又能防止母牛过肥。

产奶牛的营养需要高于干奶牛。产奶量不同,营养需要也不一致。给集约化饲养的母牛补充维生素 A 十分重要,每个月一次补饲 100 万单位维生素 A 即可。

九、淘汰母牛的肥育

对淘汰母牛肥育是我国经营肉牛业的传统做法。在正常情况下,母牛群的淘汰率约为 20%,淘汰的原因包括:繁殖率降低、乳房损伤、疾病、年龄超出生育期。对淘汰母牛进行短期肥育后出售,能获得较高的利润。购买淘汰母牛时一定要注意健康状况和牙齿状况。只要牙齿好,就可以粗饲料和青贮饲料为主进行肥育并达到满意的增重效果。

第三节 犊牛的饲养管理

犊牛是指从初生至 3～6 月龄的哺乳小牛,由于犊牛初生后的
环境与初生前母牛胎中相比发生了很大变化,另外犊牛的各种生
理功能还不健全,适应外界环境的能力不强,如果饲养管理跟不
上,就很容易发生疾病。因此,要做好犊牛的饲养管理工作。

一、犊牛消化生理特点

初生犊牛的瘤、网胃很小且柔软无力,仅占 4 个胃总容积的
30％～35％。而皱胃却很发达,占胃总容积的 50％～60％。与成
年反刍动物有着较大的区别(表 7-5)。从出生至 2 周龄,犊牛的瘤
胃没有任何消化功能,皱胃是参与消化的惟一的活跃胃区,这种作
用是通过食管沟来实现的。犊牛在吮乳时,体内产生一种条件反
射,会使食管沟闭合,形成管状结构,使牛奶或液体由口经食管沟
直接进入皱胃进行消化。此时,犊牛的食物消化方式与单胃动物
相似,其营养物质主要是在皱胃和小肠内消化吸收。

表 7-5 随着年龄增长犊牛各胃的变化

周　龄	瘤、网胃		瓣　胃		皱　胃	
	质量(克)	％	质量(克)	％	质量(克)	％
出　生	95	3560	14	1409	51	31
2	180	40	65	15	200	45
4	355	55	70	11	210	34
8	770	65	160	14	250	21
12	1150	66	265	15	330	19
17	2040	68	550	18	425	14
成　年	4540	62	1800	24	1030	14

犊牛出生后,最初几小时对初乳的免疫球蛋白的吸收率最高,平均为 20%,变化范围在 6%~45%,而后急速下降,生后 24 小时的犊牛就无法吸收完整的免疫球蛋白抗体。若犊牛在出生后 12 小时内没能吃上初乳,就很难获得足够的抗体。生后 24 小时才饲喂初乳的犊牛,其中会有 50% 的犊牛因不能吸收抗体,缺乏免疫力而难于成活。因此,初生犊牛饲养管理的重点是及时饲喂初乳,保证犊牛健康。

初生犊牛食入的牛奶由皱胃分泌的凝乳酶对牛奶的蛋白质进行消化。随着犊牛的生长发育,凝乳酶逐渐被胃蛋白酶所替代,在 3 周龄左右,犊牛才能有效地消化非乳蛋白质,如大豆蛋白等。在新生犊牛肠道内,存在有足够的乳糖酶,所以新生犊牛能够很好地利用乳糖。

犊牛的瘤、网胃发育与采食植物性饲料密切相关。试验表明,犊牛从出生至 12 周龄喂全乳加植物性饲料,瘤网胃的容积和重量分别是单喂全乳组的 2 倍和 2 倍以上,尤其是瘤胃乳头的发育,而仅喂全乳的犊牛,其瘤胃乳头在哺乳期间一直在退化。同时,大量的研究结构表明,仅喂全乳至 12 周龄仍不喂植物性饲料,则瘤胃的发育完全停滞;相反,如果在生后及早饲喂植物性饲料,植物性饲料中的碳水化合物在瘤胃的发酵产物乙酸和丁酸可刺激瘤网胃的发育,尤其是瘤胃上皮组织的发育。而植物性饲料中的中性洗涤纤维有助于瘤、网胃容积的发育。

二、初生犊牛的饲养

犊牛的科学饲养是容易被忽略的环节,但是这个环节很重要。损失 1 头犊牛就意味着白白饲养 1 头母牛 1 年。初生犊牛的饲养要注意以下几点。

(一)犊牛出生后及时、足量喂给初乳

初乳是指母牛产犊后 1 周以内分泌的乳汁。母牛产后 1 周内所分泌的乳汁,含有较高的蛋白质,特别是含有丰富的免疫球蛋

白、矿物质、镁盐、维生素 A 等,这些物质对犊牛胎便的排出,对犊牛免疫力有很大的促进作用。犊牛出生后 1 小时内应该让其吃上 2 升初乳,过 5～6 小时,再让吃上 2 升初乳。

(二)哺喂常乳

常乳是指母牛产犊 1 周以后所分泌的乳汁。常乳每日的喂量最好是按照体重来确定,一般来说每10～12 千克体重喂给 1 千克的牛奶,也就是每日的饲喂量为体重的 8%～10%。常乳每日喂 2 次与喂 3 次其实没有多大差别,在劳动力比较紧张的情况下,常乳的每日的饲喂次数以 2 次为宜。

给犊牛哺喂常乳可以用带奶嘴的奶瓶,也可以用小奶桶来喂。使用奶嘴饲喂的方法比让犊牛直接从奶桶中吸奶要好,使用奶嘴小牛犊只能缓慢地吮吸,符合犊牛的吃奶习惯,减少了腹泻和其他消化疾病的发生率。用奶桶饲喂犊牛需要训练,因为犊牛天生是头朝上吸奶的,所以有一定的难度。比较好的办法是用手指蘸一些牛奶然后慢慢引导犊牛头朝下从奶桶中吸奶,这种方法需要耐心地多训练几次才能有效果。也可用带奶嘴的奶桶,这样比较符合犊牛的吃奶习惯。

(三)及时训练牛犊采食植物性饲料

1. 补喂干草　犊牛出生后 1 周即可开训练采食干草,方法是在饲槽或草架上放置优质干草任其自由采食,及时补喂干草可促进犊牛瘤胃发育和防止舔食异物。

2. 补喂精料　犊牛出生 4 天以后就可以开始训练采食精饲料。刚开始饲喂时,可将精饲料磨成细粉并混以食盐等矿物质饲料,涂于犊牛口鼻处,教其舔食。最初几天的喂量为10～20 克,几天后增加至 100 克左右,一段时间后,同时饲喂混合好的湿拌料,最好饲喂犊牛颗粒饲料,2 月龄后喂量可增至每日 0.5 千克左右。

3. 补喂青绿多汁饲料　犊牛初生后 20 天就可以在精料中加入切碎的胡萝卜、土豆或幼嫩的青草等,最初几天每日加 10～20克,到 60 天喂量可达 1～1.5 千克。

4. 青贮料的补喂　青贮料可以从出生后 2 个月开始供给。最初每日供给 100 克,到犊牛 3 月龄时可以供给 1.5～2 千克。

(四)犊牛的饮水

犊牛在出生后 1 周内可在每次喂奶的间隔内供给 36℃左右的温开水,15 天后改饮常温水,30 天以后可以让犊牛自由饮水。

三、犊牛的管理

犊牛饲养的关键是做好"五定"和"四勤"。"五定"即定时、定温、定量、定质和定人;"四勤"即勤打扫、勤换垫草、勤观察、勤消毒。除此之外,还要从以下几项加强。

(一)新生犊牛护理

1. 新生犊牛呼吸畅通　犊牛出生后,首先要清除口鼻中的黏液。方法是使小牛头部低于身体其他部位,或倒提几秒钟使黏液流出,然后用干草搔挠犊牛鼻孔,刺激呼吸。

2. 肚脐消毒　犊牛断脐后将残留在脐带内血液挤干后,用碘酊涂抹在脐带上,进行消毒,防止感染。

(二)新生犊牛补饲

犊牛出生后对营养物质的需要量不断增加,而母牛的产奶量 2 个月以后就开始下降,为了使犊牛达到正常生长量,就必须进行补饲。表 7-6、表 7-7 是犊牛补饲的配方。

表 7-6　犊牛补饲料配方 1 号　(风干物质)

原　　料	百分比	每吨内含量(千克)
燕　麦	39.60	363.20
玉　米	15.80	136.20
大　麦	8.90	80.70
小麦麸	9.90	90.80
干甜菜渣	9.90	90.80
豆　饼	9.90	90.80

原　料	百分比	每吨内含量（千克）
糖　蜜	4.90	45.40
食　盐	0.50	4.50
磷酸氢钙	0.50	4.50
微量元素	0.04	0.45
维生素 A（3 万单位/克）	0.06	0.68
总　　计	100.00	908.03

营养成分	百分比
粗蛋白质	14.30
脂粗肪	3.20
粗纤维	8.30
钙	0.30
磷	0.50
维持净能（兆焦/千克）	7.22
增重净能（兆焦/千克）	4.22

表 7-7　犊牛补饲料配方 2 号　（风干物质）

原　料	百分比	每吨内含量（千克）
玉　米	24.25	220.20
苜蓿粉	22.50	204.30
燕　麦	20.00	181.60
苜蓿干草	10.00	90.80
豆　饼	6.20	56.30
麸　皮	5.00	45.40
亚麻籽饼	5.00	45.40

原　　料	百分比	每吨内含量(千克)
糖　蜜	5.00	45.40
磷酸氢钙	2.00	18.20
微量元素	0.05	0.45
维生素 A (32.5 万单位/克)	—	0.063
总　　计	100.00	908.113

营养成分	百分比
粗蛋白质	15.10
脂　肪	3.00
粗纤维	12.70
钙	1.04
磷	0.73
维持净能(兆焦/千克)	6.65
增重净能(兆焦/千克)	3.65

在 3～4 周龄时,可以逐渐给犊牛喂料,在第一个 5 天内,每日每头犊牛只能喂 100 克料,犊牛吃剩下的料给母牛吃,每次都要给犊牛换新料。经过 5～7 天人工饲喂后,就可以让犊牛自己吃料。一旦犊牛学会吃料,饲槽内就要始终保持有料,供犊牛采食。在第一个月内,采食量约为每日每头 0.45 千克,到第五个月结束时,采食量可达到 3.6 千克。从 1 月龄到断奶,犊牛的补料量平均每日每头 1.4 千克最合适,这个量正好能补充牛奶营养的不足,使犊牛的骨骼和肌肉正常生长。如果超过这个数量,会使犊牛过肥,不经济。如果自己配制犊牛补充料,可按 90%～95% 的棉籽饼加

5%～10%的盐配制。

(三)犊牛的早期断奶

犊牛一般在 6 月龄断奶。早期断奶指在 35 日龄内断奶。

1. 早期断奶的优点

第一,使犊牛快速进入肥育场。

第二,缩短母牛的配种间隔。

第三,减少母牛的营养需要量,使母牛利用更多的粗饲料。

第四,延长纯种母牛的使用寿命。

第五,早期断奶犊牛的肉料比最高。

2. 早期断奶的原则

第一,要在 35 日龄内断奶。

第二,喂给犊牛蛋白质、能量、维生素和微量元素含量平衡、适口性好的日粮。

第三,在断奶前 2～3 周给犊牛试喂开食料。

第四,给犊牛注射黑腿病疫苗和败血病疫苗,注射维生素 A 和维生素 D。

3. 早期断奶的年龄　35 日龄断奶最好。其优点是犊牛容易饲喂,母牛容易恢复并且可以确保母牛每 12 个月繁殖 1 头犊牛。

(四)创造犊牛最佳生存环境

注意环境条件。新生犊牛最适外界温度为 15℃。因此,注意保持犊牛床舍保温、通风、干燥、卫生。

(五)犊牛刷拭

刷拭犊牛,每日对进行 1～2 次,以促进血液循环,保持皮肤清洁,减少寄生虫孳生。

(六)犊牛运动和调教

犊牛 1 周龄后可在笼内自由运动。10 天后可让其在运动场上短时间运动 1～2 次,每次 30 分钟。随着日龄增加运动时间可适当增加。为了使犊牛养成良好的采食习惯,做到人牛亲和,饲养员应有意识接近它、抚摸它、刷拭它。在接近时应注意从正面接近,不要粗鲁对待犊牛。

第四节　生长牛的饲养管理

生长牛是指从断奶到肥育前的牛,一般饲喂到体重250～300千克,然后进入肥育场肥育。生长牛对粗饲料的利用率较高,主要是保证骨骼发育正常。生长牛的饲养一般是犊牛断奶后以粗饲料为主,达到一定体重后进行肥育。生长牛饲养要以降低成本为主要目标,因为生长牛增重越慢,肥育时增重越快,这叫补偿生长。所以,生长牛饲养不要以生长速度高为目标,日增重维持在0.4～0.6千克即可。

一、喂养生长牛应注意的问题

(一)能量和蛋白质

根据生长牛的营养需要特点,可以用中等质量的粗饲料或青贮料满足其能量需要量。生长牛的蛋白质需要量应该用精料补充料或优质豆科牧草来满足。例如,1头体重225千克的生长牛,可以用0.45千克含41%粗蛋白质的补充料或1.5千克苜蓿满足其一半的蛋白质需要量,另一半则由粗饲料提供。若按全价日粮计算,当生长牛的日增重在0.7千克以下时,日粮蛋白质含量为10.5%;当日增重在0.7千克以上时,日粮蛋白质含量为11%。

(二)矿物质和维生素

矿物质和维生素对生长牛的发育很重要,对以喂粗饲料为主的生长牛,应注意钙、磷平衡。体重225千克以下的生长牛,饲粮的钙含量为0.3%～0.5%,磷含量为0.2%～0.4%;体重225千克以上的生长牛,饲粮的钙含量为0.25%,磷含量为0.15%。秋季断奶犊牛的维生素A贮存量很少,因此断奶后应给每头牛瘤胃内或肌内注射50万～100万单位维生素A。

二、生长牛饲料配方举例

生长牛的日增重不应低于 0.45 千克,否则会形成"僵牛",使牛骨骼的生长发育停滞。如果只喂粗饲料或青贮料时生长牛的日增重低于 0.45 千克,表明粗饲料或青贮料的质量太低,应该补充精饲料。表 7-8 和表 7-9 列出了不同阶段生长牛常用的饲料配方,依配方的编号查寻,即可得到某一配方所用原料的数量。

表 7-8　体重 182 千克生长牛的日粮配方　(千克)

(鲜重,按日增重 0.6 千克的标准)

饲料名称	配　方　编　号									
	1	2	3	4	5	6	7	8	9	10
混合干草	5.4~8.2	—	3.6~5.4	—	0.9~1.8	—	3.6~4.5	—	—	—
禾本科干草	—	5.4~8.2	1.8~2.7	—	—	0.9~1.8	—	—	4.5~5.4	—
秸秆类粗饲料	—	—	—	—	—	—	0.9~1.8	0.9~1.4	—	0.9
玉米或高粱青贮	—	—	—	11.4~18.1	9.1~13.6	9.1~13.6	—	—	—	—
牧草青贮	—	—	—	—	—	—	—	9.1~11.4	—	—
混合半干青贮	—	—	—	—	—	—	—	—	—	9.1~11.4
玉米面或高粱面	—	—	—	—	—	1.8~2.3	—	—	1.8~2.3	1.8~2.3
蛋白质补充料	—	0.6~0.7	0.1~0.5	0.5~0.6	0.3~0.5	0.6~0.7	—	0.5~0.7	0.5~0.7	—

注:蛋白质补充料含粗蛋白质 41%

表 7-9 体重 273 千克生长牛的日粮配方 (千克)

(鲜重,按日增重 0.4 千克的标准)

饲料名称	配方编号									
	1	2	3	4	5	6	7	8	9	10
混合干草	7.3~10.9	—	2.7~3.6	—	0.9~1.8	—	2.7~3.6	—	—	—
禾本科干草	—	7.3~10.9	4.5~7.3	—	—	0.9~1.8	—	—	7.3~9.1	—
秸秆类粗饲料	—	—	—	—	—	—	5.4~6.8	4.5~5.4	—	0.9
玉米或高粱青贮	—	—	—	20.4~25.0	18.2~22.7	18.2~22.7	—	—	—	—
牧草青贮	—	—	—	—	—	—	—	9.1	—	—
混合半干青贮	—	—	—	—	—	—	—	—	—	15.9~18.2
玉米面或高粱面	—	—	—	—	—	—	2.3~2.7	—	2.3~2.7	2.3~2.7
蛋白质补充料	—	0.7~0.8	0.5~0.7	0.6~0.7	0.3~0.5	0.6~0.7	—	0.5	0.5~0.7	—

注:蛋白质补充料含粗蛋白质 41%

第八章　肉牛的繁殖技术

第一节　公牛的生殖器官和生理功能

一、睾　丸

睾丸是产生精子和分泌雄性激素的地方,分左右两个,包被在阴囊中。牛的睾丸呈长卵圆形,长轴与地面垂直,附睾位于睾丸的背面,头朝下,尾朝上。睾丸的外面包被着由腹膜转化的固有鞘膜,最外层为较厚的强韧纤维组织构成的白膜。白膜伸入睾丸的实质分为许多锥形小叶,构成睾丸纵隔。牛的睾丸纵隔构造不完全,因而睾丸小叶之间的分界不明显。每个小叶内有 1 条或派生成的数条呈弯曲状的精细管,称曲精细管,其直径仅为 $0.1 \sim 0.2$ 毫米,也有的达 0.4 毫米。其长度为 $4\,000 \sim 5\,000$ 毫米。曲精细管在各小叶的尖端先各自汇合,成为很短的直精细管,进入纵隔结缔组织内形成弯曲的导管网,称为睾丸网。睾丸网是曲精细管的收集管,最后由睾丸网分出 $10 \sim 30$ 条睾丸输出管,形成附睾头。

二、附　睾

附在睾丸上方并移向其后下缘的组织。附睾由头、体、尾 3 个部分组成,由来自睾丸网的 10 多条输出小管构成。许多小管由结缔组织联结成小叶。以扁平状贴附在睾丸上缘的为附睾头,以弯曲而细长状贴附在睾丸上的为附睾体,以圆盘状贴附在睾丸远端的为附睾尾。在睾丸内附睾管弯曲减少成为输精管。此管的拉直长度达 $35 \sim 50$ 厘米,直径 $1 \sim 2$ 毫米。精子由睾丸的曲精细管通过附睾时是最后成熟的过程。一般的成熟时间是 10 天。来自睾丸的稀薄精子悬浮液,此时水分被吸收,在尾部成为极浓的精子悬浮液。成熟的精子则贮存在附睾尾部,在弱酸性、体温略低且缺乏精子代谢所需要的糖类的条件下,呈休眠状态。精子在这一部位的存活期为 60 天以上。

三、阴 囊

阴囊是从腹壁凸出形成的皮肤——肌肉囊,包裹着睾丸,具有调节睾丸和附睾温度的功能,一般可保持 34℃～35℃。在胚胎期间睾丸和附睾位于腹腔中,到出生前才降到阴囊里。如果不下落则称为隐睾,这是造成不育的原因之一。

四、输精管

输精管起始于阴囊中,经腹股沟管进入骨盆腔,开口于膀胱颈附近的尿道壁上。牛的输精管尿道端膨大,称为输精管壶腹,是一种副性腺,共有 1 对。输精管在睾丸系膜内与血管、淋巴管、神经、提睾内肌等组成精索,在延长至射精管处结束。输精管的肌肉层较厚,收缩力强,配种时有利于精子的射出。

五、尿生殖道及副性腺

尿生殖道只有 1 条,是精液和尿液排出的共同通道。起始于膀胱颈末端,终于阴茎的龟头,分骨盆部和阴茎部两段。在骨盆部有两个圆形阜状物,称为精阜,其上有输精管和精囊腺的开口。副性腺有输精管壶腹、精囊腺、前列腺、尿道球腺四种。

六、阴茎和包皮

这是位于腹壁自耻骨部前行到达脐部附近的器官。包括阴茎海绵体、尿生殖道阴茎部和外部的皮肤。阴茎可分为阴茎根、阴茎体和阴茎头三部分。阴茎根附在坐骨弓腹侧,阴茎体主要由成对的海绵体构成,阴茎头末端膨大成龟头。牛的阴茎长达 80～100

厘米,海绵体欠发达,呈 S 状弯曲,当勃起时,S 状弯曲拉直,血液大量注入海绵体内的血管部,阴茎容积增加,呈挺直状,肌肉保持其伸展状态。平时阴茎隐在包皮内。包皮是一种皮肤被囊,包覆在阴茎的外面,对阴茎起保护和滋润作用。

第二节 母牛的生殖器官和生理功能

一、卵 巢

卵巢是母牛生殖器官中最重要的部分。牛的卵巢为椭圆形,大如青枣。卵巢以较厚的卵巢系膜悬挂于腰部,位于盆腔前口的两侧,子宫角起始部的上方,已产母牛的卵巢常稍坠于前下方。每侧卵巢的前端为输卵管端,后端为子宫端,两缘为游离缘和卵巢系膜缘。卵巢是产生卵细胞的器官,同时还分泌雌激素,以促进其他生殖器官及乳腺的发育。生殖上皮为卵细胞的发源处,卵巢内雌激素则是由卵泡颗粒细胞产生的。

二、输 卵 管

输卵管位于子宫阔韧带外侧形成的输卵管系膜内,长15～30厘米,有很多弯曲。它是连接卵巢和子宫的一对弯曲的管状器官。输卵管在腹腔的一端,成漏斗状,其边缘有很多不规则的突起和皱裂,称为"伞",与卵巢相接。其后端接子宫角,两者之间没有明显的界限。输卵管是卵子受精的地方,也是精子从子宫运行到壶腹部的通道,是精子获能及受精卵裂的地方。输卵管的分泌液,为精子、卵子的正常运行,以及合子的早期发育和运行提供条件。

三、子 宫

子宫位于骨盆腔入口的地方,直肠的下面,悬挂在子宫阔韧带上。它由左右 2 个子宫角、1 个子宫体和 1 个子宫颈构成。两子宫角在靠近子宫体的一段彼此相粘连,内部有纵隔将其分开,上方有 1 个下陷的纵沟称角间沟。子宫是胚胎发育成胎儿并供给其营养的地方,子宫黏膜内的子宫腺能分泌子宫乳,为早期胚胎发育提供营养物质。随着胚胎的着床、附植,分别形成胎儿绒毛膜和母体胎盘,成为母体与胎儿间交换营养和排泄废物的临时器官。

四、阴　道

阴道位于骨盆腔中部,直肠下面。其前端有子宫颈阴道部的突起部分,子宫颈阴道部周围的阴道腔称为阴道穹隆。牛阴道长 25～30 厘米,为母牛的交配器官,也是交配后的精子库。阴道通过收缩、扩张、复原、分泌和吸收等功能,排出子宫黏膜及输卵管分泌物,同时也是分娩时的产道。

五、外生殖器官

外生殖器官包括尿生殖前庭、阴蒂和阴唇。尿生殖前庭是指阴瓣至阴门间的部分,在腹侧壁瓣后方有一尿道开口。在前庭左右侧壁,稍靠背侧有前庭大腺的开口各一,在靠近阴蒂处有前庭小腺开口。阴唇和阴蒂是母牛生殖道的最末端部分,阴唇分左右两片构成阴门。在阴门下角内包含有一球形凸起物即阴蒂,阴蒂黏膜上有感觉神经末梢。

第三节　母牛的发情生理及鉴定

一、母牛发情的周期、季节与初配时间

(一)发情和发情周期

发情是适配母牛的一种生殖生理现象。完整的发情应具备以下 4 方面的生理变化:卵巢变化。功能性黄体已退化,卵泡正在发育生长成熟,并进一步排卵。精神状态变化。兴奋,食欲减退,活

动性增强。外阴部和生殖道变化。阴唇充血肿胀,黏液外流,阴道黏膜潮红湿润,子宫颈口开张。出现性欲。主动接近公牛,爬跨,站立接受公牛或其他母牛的爬跨。

母牛每隔一段时间出现 1 次发情,两次相邻发情的间隔为 1 个发情周期。发情周期一般分为四个时期:一是发情前期,二是发情期,三是发情后期,四是间情期。

(二)发情季节

母牛是常年发情。在均衡饲养的条件下,总是间隔 1 个周期出现 1 次发情。如果已受胎,发情周期即中止,待产犊后间隔一定时间,重新恢复发情周期。以放牧饲养为主的肉牛,由于营养状况存在着较大的季节差异,特别是在北方,大多数母牛只在牧草繁茂时期(6~9 月份)膘情恢复后集中出现发情。以均衡舍饲饲养条件为主的母牛,发情受季节的影响较小。

(三)初情期和初配年龄

青年母牛出现第一次完整发情称为初情。牛的初情期在 5~10 月龄,因品种和环境而异。在同一品种牛中,营养水平和体重是影响初情月龄的最主要的因素。肉用牛多采取季节繁殖的方式,所以大多数个体要到 24 月龄左右才开始配种。北方牧区和山区的黄牛,因营养所限,大多要到 2.5~3 岁才开始配种。

二、母牛发情周期的生理参数

(一)发情周期长度

其计算方法是:(相邻)两次发情(以出现日期为准)的间隔天数。(相邻)两次排卵间隔的天数。习惯上把出现发情当日算为零天,零天也就是上一个发情周期的最后 1 天。

牛的发情周期为 20~21 天,18~24 天属正常的范围。周期长度存在着年龄上的差异;青年母牛平均 20 天,成年母牛为 21 天。

(二)发情期长度

衡量标准是以接受爬跨持续的时间作为发情期长度的标准。

发情时间的变异范围很大,自 2 小时至 30 小时不等,一般为 15～20 小时。

(三)排卵时间

1. 测定方法 每间隔一定时间(2 小时或 4 小时)进行 1 次直肠检查,至排卵为止。

2. 计算方法 统计自发情开始到排卵发生所间隔的小时数。或者统计自发情结束到排卵发生所间隔的小时数。在生产实践中应根据发情的出现时间估计排卵时间与最佳的输精时间。母牛的排卵时间与营养状况有很大关系:营养正常的母牛约 75.3% 集中在发情开始后 21～35 小时,而营养水平低的母牛则只有 68.9% 集中在 21～35 小时。

(四)产后发情的出现时间

肉牛产后第一次发情距分娩平均为 63(40～110)天,但大多数产犊哺乳母牛当年不发情。

三、母牛发情的鉴定方法

发情鉴定是通过综合的发情鉴定技术,判断母牛的发情阶段,确定最佳的配种时间,以便及时进行人工授精,达到用较少的输精次数和较少的精液消耗量,最大限度地提高配种受胎率的目的。同时,可判断母牛的发情是否正常。若发现异常,则可及时采取措施,进行必要的治疗。此外,也可为妊娠诊断提供参考。

发情鉴定的方法很多,常用的主要有以下四种方法。

(一)外部观察法

主要通过对母牛个体的观察,视其外部表现和精神状态的变化来判断是否发情和发情的状况。发情的母牛兴奋不安,来回走动,大声哞叫,爬跨,相互舔嗅后躯和外阴部。发情母牛稳定站立并接受其他母牛的爬跨(静立反射),这是确定母牛发情的最可靠根据。黏液状况及外阴部的变化也是重要的外部观察指标。发情前期阴唇开始肿胀,阴门湿润,黏液流出量逐渐增加、呈牵缕状、悬垂在阴门下方(俗称"吊线")。发情末期外阴部肿胀稍减退,流出较粗的乳白浑浊柱状黏液,此时是输精最佳时期。至发情后期,黏液量少而黏稠,由乳白色逐渐变为浅黄红色。若观察到母牛排出较多的血液(俗称"排红"),一般是发情后2天左右。

(二)试情法

对于发情不明显、不便判断的母牛,为了不致造成失察漏配,可使用试情法。公牛试情法是利用体质健壮、性欲旺盛而无恶癖的试情公牛,令其接近母牛,根据母牛对公牛的亲疏表现,判断其发情程度。用试情公牛鉴定发情,必须对试情公牛进行处理,如已做过输精管结扎或阴茎扭转术等,使其不能与母牛交配受胎。为了减少结扎公牛输精管手术的麻烦,还可选择特别爱爬跨的母牛代替公牛试情。

(三)阴道检查法

该法是借用开膣器来观察母牛阴道的黏膜、分泌物和子宫颈口的变化来判断是否发情。不发情母牛阴道黏膜及子宫颈无充血、水肿,子宫颈口关闭。而发情母牛外阴红肿,阴道黏膜及子宫颈充血水肿,子宫颈外口开放,并流出大量黏液。初情时期黏液量稀少透明,如水样;发情盛期黏液量增多,并逐渐变黏稠。到发情后期则黏液透明度降低,数量减少,不仅黏稠且浑浊,最后变为乳白色或乳黄色。同时,外阴及阴道黏膜肿胀逐渐消退,皱纹增多,颜色发紫。

阴道检查时,先将母牛保定在配种架内,尾巴用绳子拴向一侧,外阴部清洗消毒后,用消毒过的开膣器或扩张筒,插入母牛阴道内,打开照明装置,观察阴道黏膜颜色、充血程度,子宫颈口的开张、松弛状态,阴道内部黏液的颜色、黏稠度、量的多少,判断母牛的发情程度。在操作过程中动作要轻,以免损伤阴道或阴唇。此法不能确切地判定母牛的排卵时间,因此生产中不常用,仅在必要时作为发情鉴定的辅助手段。

(四)直肠检查法

此方法主要是根据卵巢上卵泡的大小、软硬程度等来判断发情程度。检查时将被检母牛引入配种架内保定,术者指甲剪短并磨光滑,戴上长臂的塑料手套,用水或润滑剂涂抹手套,最好在母牛的肛门也涂抹一些润滑剂。术者手指并拢呈锥状插入肛门,伸直进入直肠,可摸到坚硬索状的子宫颈及较软的子宫体、子宫角及角间沟,沿子宫角大弯至子宫角顶端外侧,即可摸到卵巢后,用手指肚轻轻触摸另一侧卵巢。休情期的母牛多数情况是一侧卵巢比另一侧大。母牛的卵泡发育可分为以下 4 个时期:第一期为卵泡出现期;第二期为卵泡发育期;第三期为卵泡成熟期;第四期为排卵期。

第四节　母牛的人工授精技术

一、母牛人工授精的意义

人工授精是采用假阴道人工采集公牛的精液,经检查并稀释处理和冷冻后,再用输精器将精液输入母牛的生殖道内,使母牛排出的卵子受精后妊娠。母牛人工授精技术的优点:一是人工授精可提高优良公牛的配种效率,扩大与配母牛的头数。每年每头公牛自然交配时只能配 40~100 头母牛,而实行人工授精时则可达到 6 000~12 000 头母牛。二是加速母牛育种工作进程和繁殖改良速度,加速高产、高效、优质养牛业的发展。三是减少种公牛饲养头数,降低饲养管理费用。四是有利于扩大公牛配种地区范围和提高母牛的配种受胎率。通过人工授精还能及时发现繁殖疾病,可以采取相应措施及时进行治疗。人工授精技术已成为养牛业的现代化科学繁殖技术,并已在全国范围内广泛应用,对提高养牛业的繁殖速度和生产效率起到重大的促进作用。

二、精液的采集、处理

(一) 精液的采集

采精是人工授精的首要环节。认真做好采精前的准备,正确掌握采精技术,科学安排采精频率,才能获得量多质优的精液。

1. 采精设备 采精最好有专用的采精房,要求 50～70 平方米,房内有采精架或假台牛。采精应保持安静的环境,为防闲人围观,采精室最好在僻静的位置。操作室应有两间,一间用于安装假阴道及有关器械消毒,另一间用于分装精液和检查精液品质。采精的必备设备还包括假阴道、显微镜、保温箱及必备的玻璃器皿和消毒用具。药品包括配制稀释液的化学试剂、消毒药品等。

牛用的假阴道由以下配件组成:塑胶外壳、气门塞、橡胶内胎、保定套和橡皮圈及玻璃集精杯。

2. 采精操作 第一步是准备台牛。发情母牛、去势公牛均可作台牛。采精前,对台牛的臀部、外阴部和尾部用清水冲洗,2%来苏儿液擦拭消毒。第二步是准备假阴道。假阴道每次使用后应清洗干净,并用 75%酒精或紫外线灯进行消毒。玻璃及金属器械有条件的地方可用高压灭菌锅消毒。用前进行检查、安装、保温。向假阴道夹层注入热水,一般不要灌满,到达6～7 成即可,要求内壁温度达到 38℃～40℃。临采精前用消毒好的玻璃棒蘸取润滑油,均匀地涂到假阴道内壁上,深度均为假阴道一半稍多。假阴道充气是为了增加压力,这是根据公牛个体的习惯,在调教时不宜太高。充气太足,操作时易造成内胎滑脱、集精杯脱落等。第三步是采精。采精员站于台牛的右侧,公牛初次阴茎勃起,应进行性欲引导,即不让其立即爬跨,而是继续调制,使其空爬1～2 次,待公牛性欲充分冲动爬上台畜时,采精员右手持假阴道以与地面成 30°角固定在台牛臀部,左手握住公牛包皮,将阴茎导入假阴道,让其自然插入射精,射精后随公牛下落,让阴茎慢慢回缩,自动脱落。并随即放低集精杯一端,并打开气门活塞,顺势竖起假阴道。立即送到处理间收集精液。一般每头公牛准备一个采精用的假阴道,不得混用,以保持卫生和防止疾病传染。采精不成功时,要检查准备工作有什么不足,不能粗暴地对待公牛,以免形成恶癖。若公牛有恶癖,多是人为的,可以慢慢调教。如果实行二次采精方式,假阴道应重新准备,不能原件再用。涂滑润剂的玻璃棒必须擦净消毒,否则会污染滑润剂。

(二)精液的处理

1. 精液品质的检查 精液品质的检查的目的,在于鉴定精液品质的优劣以及在稀释保存过程中精液品质的变化情况,以便决定能否用于输精或冷冻。精液品质检查项目主要有外观、精液量、精子活率、精子密度和畸形精子率。

牛精液正常颜色为乳白色或乳黄色。精液量一般为5～8毫升。刚采出的牛精液密度大,精子运动翻滚如云,俗称"云雾状"。云雾状越显著,表明牛精子活率、密度越好。

评定精子活率有评分法,用直线前进运动的精子数占总精子数的百分比来表示。方法是:在38℃～40℃条件下,用玻璃棒蘸取一滴精液,滴在载璃片上加盖片,用400倍显微镜进行观察。全部直线运动的评为1,90%精子做下线运动的为0.8,活率在0.3以上方可用于输精。

2. 精液的稀释 精液稀释的目的主要有三:一是扩大精液量,能输配更多的母牛;二是延长精子的存活时间;三是便于保存和运输精液。一般精液应在镜检后尽快稀释。稀释前应将稀释液和被稀释液的精液做等温处理(30℃左右),然后将稀释液沿杯壁缓缓倒入精液杯中。稀释后还应取1滴精液再检查活率情况,以验证稀释液是否有问题。生产实践中,一般对公牛的精液稀释10～40倍,使每毫升精液中含活精子数2 000万～5 000万个。

三、精液的冷冻保存与解冻

(一)精液的冷冻保存

冷冻精液是指将采集的新鲜精液,经一定特殊处理,利用-196℃液态氮或其他制冷冷源如干冰(-79℃)等将新鲜精液冻结成固态。冷冻精液在超低温(-79℃～-196℃)下可长期保存。冷冻精液的最大优点是可长期保存,远距离运输,从而使精液的使用不受时间、地域以及种公牛寿命长短的限制。可充分提高优良公牛的利用率,对家畜的繁殖、保种、引种、育种及畜牧生产的发展均具有重要意义。牛的冷冻精液和新鲜精液的受胎率无多大差别,因此,使用牛冷冻精液已逐渐取代新鲜精液。

冷冻精液的制作原理,是利用精子具有受温度变化直接影响本身活动力和代谢能力的生物学特性。将精液冷冻后,保存在超低温下,精子代谢活动受到完全抑制,能量消耗停止,处于生命静止状态,从而可能长期保存下来。一旦升温,精子又能复苏并维持其原来的受精能力。

一般牛的冷冻精液存于添加液氮的液氮罐内保存和运输。液氮罐是根据液氮的性质和低温物理学原理设计的,类似暖水瓶,是双层金属(铅或不锈钢)壁结构,高真空绝热的容器,内充有液氮。液氮比空气轻,温度为-195.8℃,无色无味,易流动,可阻燃,易气化,在室温下出现爆沸现象,与空气中的水分接触形成白雾,迅速巨胀。液氮罐要放置在干燥、避光、通风的室内,不能倾斜,更不能倒伏,要精心爱护,随时检查,严防碰撞坏容器的事故发生。

将抽样检验合格的各种剂型的冷冻精液,分别包装妥善并做好标记(家畜品种、种畜号、冻精日期、剂型、数量等),置入具有超低温的冷源液氮内长期保存备用。在保存过程中,必须坚持保存温度恒定不变、精液品质不变的原则,以达到冷冻精液长期保存的目的。冻精取放时动作要迅速,每次控制在5～10秒,应及时盖好容器塞,以防液氮蒸发或异物进入。冷冻精液的运输应有专人负责,采用充满液氮的容器来运输,其容器外围应包上保护外套,装卸时要小心轻拿轻放,装在车上要安放平稳并拴牢。运输过程中不要强烈震动,防止暴晒,长途运输中要及时补充液氮,以免损坏容器和影响精液质量。

(二)冷冻精液的解冻

解冻是利用冷冻精液的一个重要环节。解冻的基本要求是快速通过有害温区(-30℃～-10℃),因此解冻多利用40℃左右的温水解冻。

颗粒冷冻精液的解冻:将 1 毫升解冻液(2.9％二水柠檬酸钠溶液或经过消毒的鲜牛奶、脱脂奶)置入试管中,在 40℃水浴中加温,从液氮中迅速取出 1 粒冻精,立即投入试管中,充分摇动,使之快速融化。将解冻精液吸入输精器中待用。

细管冷冻精液的解冻:把水温控制在 40℃,从液氮罐中迅速取出细管精液立即投入水中使之快速解冻,剪去细管封口,再装入输精枪中待用。

安瓿冷冻精液解冻:可在烧杯中放入 40℃～41℃的温水,将安瓿投入其中,不断搅动,使之融化,安瓿内精液大部分融化后即可取出待用。

解冻后如有条件,最好检查一下精子的活率。冷冻精液的精子活率都不能低于 0.3。颗粒精液的输量为 1 毫升。细管精液有两种规格,一种是 0.5 毫升,另一种是 0.25 毫升。只要按技术规程保存和解冻精液,一般都能够达到输精对精液质量的要求。冷冻精液宜现用现解冻,立即输精,最长不超过 1～2 小时。其中细管冻精应在 1 小时之内使用,颗粒冻精应在 2 小时以内,此时受胎率可达 75％～80％,存放 12 小时受胎率会下降到 60％以下,24小时后降低到 50％。使用解冻 12 小时以后的精液,胎儿的早期死亡率上升,大多数的死亡发生在受胎后 90 天之内。

四、人工授精的操作规程

输精时要求必须保证卫生清洁,输精人员在输精前要剪短和磨光指甲,戴上胶质手套。若无手套,要用 2％来苏儿和 1％新洁尔灭消毒手臂,然后用清水冲洗。在连续给几头母牛输精时需每次重新消毒。母牛外阴部也应消毒,当外阴很脏时,先用清水洗去污物,再用上述消毒液清洗,之后用灭菌温水冲去消毒液,再用消毒抹布擦干。

人工授精通常有两种输精方法。阴道开张法和直肠把握法。

阴道开张法是用开膛器插入母牛阴道后,以反光镜或手电筒光线找到子宫颈外口,将输精器吸好精液,插入子宫颈外口内1～2厘米注入精液,取出输精器和开膛器。阴道开张法的优点是操作简单,但由于受胎率比直肠把握法低,且所用输精器械较多,目前已很少采用。

直肠把握法的特点是受胎率高,一般均可达到70%以上,比阴道开张法高10～15个百分点,且操作安全,母牛无痛感,初配母牛也适用。输精时,输精员一手戴乳胶手套,伸入母牛直肠,排出宿粪。另一手持输精器由阴门插入,先向上斜插,避开尿道口,而后再平插,直至子宫颈口。以伸入直肠的手隔直肠把握子宫颈,两手相互配合,使输精管经螺旋状的子宫颈内腔,到达子宫颈口内5～7厘米处(越过3～4个横行皱褶),注入精液。用深部输精法时,要将输精管通过子宫颈,在到达子宫角基部注射。输精完毕后、输精器抽出子宫前,切记不得松开胶球,以免吸回精液,达不到输精目的。输精要点:慢插、轻注、缓出,防止精液逆流。

第五节　母牛的妊娠与分娩

母牛的妊娠期因品种、年龄、胎次、所怀胎犊性别及环境因素的不同而有差异,一般早熟品种牛的妊娠期要比晚熟的品种牛短,年轻母牛要比老年母牛短,怀母犊要比公犊短,怀双犊要比单犊短。环境条件的改变也引起母牛的妊娠期变化,因此必须综合进行预产期的确定。母牛妊娠期平均为282天(276～290天),水牛的妊娠期平均为310天(300～315天)。预产期的推算方法为:若按280天妊娠期计算,将母牛参加配种月份减3,日期加6,即可预计出分娩期。如10月19日配种的母牛,其预产期为翌年7月25日。

母牛配种后,形成受精卵并在母牛子宫内继续进行胚胎的早期发育。经过卵裂,继而经过桑葚期,然后附植在子宫内发育为胎儿。胎儿通过胎膜系统（包括胎膜、胎儿胎盘及脐带）行使营养、呼吸、代谢、循环、排泄、内分泌、免疫保护、机械保护等多种生理职能，得以正常生长发育。在 6 个月前胎儿生长缓慢，初生体重的 80%～90%是在妊娠最后 3 个月增长的。这就要保证对妊娠牛在妊娠后期加强饲养管理。

一、妊娠诊断

配种后的母牛一般在经过一个发情周期后，未出现发情的，可能已妊娠；而出现发情的，则未妊娠。这对发情规律比较正常的母牛，有非常重要的参考价值和实用价值，但不能作为主要的根据。因为，当母牛饲养管理不当或利用不当时，生殖器官不健康，性激素作用紊乱以及有其他疾病发生时，虽未妊娠，也可能不表现发情。而少数已妊娠的母牛也会出现假发情。因此，及时准确地对配种后的母牛进行妊娠诊断，特别是早期诊断，对提高母牛的繁殖率有重要意义。对已确定妊娠的母牛，注意加强饲养，防止流产发生。对配种后的未孕母牛，可以及时进行下一情期的配种。

妊娠诊断的方法很多，概括起来大体可分为三类：一是外部检查法，二是内部检查法，三是实验室诊断法。临床上应用的妊娠诊断方法，包括外部检查法和内部检查法两大类。这些方法既有其自身的优点，又都存在一定的局限性。在临床实践中应根据畜种、妊娠阶段及饲养管理方式等来决定要采用的诊断方法。有时不是孤立采用某种方法，而是把某一种或几种作为主要诊断方法，其他的作为辅助诊断方法。常用的临床诊断方法：外部观察法、阴道检查法、直肠检查法。进行母牛妊娠诊断直肠检查时，应注意以下几种情况与正常情况的区别：一是孕期发情，配种后 20 天左右的母牛偶尔也出现假发情，这时如强制配种则会发生流产；二是膀胱积尿；三是子宫内积液或蓄脓。

二、分娩预兆

分娩前数天,骨盆部韧带变得松弛,荐骨后端活动范围增加,当用手握住尾根做上下活动时,会明显感觉到荐骨后端容易上下移动,臀部肌肉出现塌陷;阴唇逐渐肿胀,皮肤皱纹展平、颜色微红、质地变软;阴道黏膜潮红,黏液由浓稠黏滞变得稀薄润滑。乳房明显肿胀,临产前 4～5 天可挤出少量清亮胶状液体,前 2 天可挤出初乳。从妊娠 7 个月开始,体温逐渐升高。在妊娠后期可达39℃,到产前 12 小时左右体温可下降0.4℃～0.8℃。

三、分娩时胎儿同母体的空间关系

常用胎向、胎位、前置和胎势等术语来表示分娩时胎儿同母体的空间关系。

(一)胎 向

胎向是指胎儿的纵轴同母体纵轴的关系。有 3 种胎向:纵向,两者平行;竖向,两者竖立垂直;横向,两者横向垂直。三者中只有纵向是正常胎向。

(二)胎 位 胎位是指胎儿的背部同母体背部的关系。有 3 种胎位:上位:胎儿的背部朝向母体的背部,俯卧在子宫内;下位:胎儿的背部朝向母体的下腹部,仰卧在子宫内;侧位:胎儿的背部朝向母体的侧腹壁,又分左侧位和右侧位两种。三者中只有上位是正常胎位。

(三)前 置

前置是指胎儿最先进入产道的部位。头和前肢最先进入产道,称为头前置。后肢和臀部最先进入产道,称为臀前置。对于家畜,头前置(正生)和臀前置(倒生)都是正常的,其他前置都是异常的。

(四)胎 势

正常分娩时,应为纵向、上位、头前置或臀前置。头前置(正生)时,头部和两前肢伸展,头部的口鼻端和两前蹄一起最先进入产道。臀前置(倒生)时,后肢伸展,两蹄最先进入产道。其他任何姿势都是异常。

四、分娩过程和助产

(一)分娩过程

整个分娩过程分为 3 个时期:开口期,胎儿产出期,胎衣排出期。

1. 开口期　从子宫开始间歇性收缩起,到子宫颈管完全开张,与阴道的界限完全消失为止。这一时期的特点是只有阵缩(子宫肌的自发收缩)而不出现努责(腹肌的随意收缩)。初产母牛通常表现不安,食欲减退,时起时卧,来回走动,时而弓背抬尾,做排尿姿势。经产牛一般表现安静,有的看不出明显征候。牛的开口期约为 6(1～12)小时。

2. 胎儿产出期　从子宫颈完全开张起,至胎儿排出为止。此时阵缩和努责都将出现。努责是排出胎儿的主要动力。产牛表现烦躁,腹痛,呼吸和脉搏加快。牛在努责出现后即自行卧地,由羊膜-绒毛膜构成的灰白色或黄色羊膜囊露出阴门,接着羊膜囊破裂,灰白色或浅黄色羊水同胎儿一起排出。有的羊膜囊先行破裂流出羊水,再排出胎儿。一般尿膜囊在胎衣排出期破裂并排出尿囊液。牛的胎儿产出期为0.5～4 小时。

3. 胎衣排出期　从胎儿产出后至胎衣完全排尽。胎儿产出后,母体安静下来,几分钟后子宫又出现收缩,伴着轻度努责,使胎儿同母体胎盘脱离,最后把全部胎膜(包括尿膜-绒毛膜上的胎儿胎盘)、脐带以及残留胎液一起排出体外。牛的胎衣排出期为 2～8 小时,如超过 10 小时仍未排出或者未排尽,应按"胎衣不下"处置。

(二)助　产

分娩是母牛的一种本能和正常生理过程。一般情况下,不必过多干预,助产人员的主要职责在于监视分娩过程,以及护理初生犊牛。

1. 分娩过程中的检查 当胎儿口鼻露出时(正生),将消毒后的手臂伸进阴道进行检查,确定胎势是否正常,如果正常,尽量等待其自然产出,必要时可以人工辅助拉出。如果只见前蹄,不见口鼻,应当先检查胎儿的前置部位,胎势正常,可以等待;胎势异常,应立即调整胎势;若是倒生,应尽快拉出胎儿。有时羊膜囊局部露出但未破水,应当根据胎儿前置部位进入骨盆腔的程度决定是否立即撕破羊膜,如果口鼻部和两前肢已经露出阴门,可撕破,否则应当等待。

2. 人工辅助牵引 在胎儿较大或分娩无力的情况下,需用人力帮助牵引,用力时应与母牛的阵缩同步,牵引方向应当与骨盆轴的方向一致。倒生牵引时,要帮助牵拉脐带,防止脐带在脐孔处拉断。人工牵引过程中,要用双手保护好阴门,防止撕裂。

3. 脐带处理 犊牛出生后立即擦掉口腔和鼻孔中的黏液,擦干被毛。脐带多自行拉断,一般不必结扎,但需用5%～10%碘酊充分消毒。如为双胎,第一头降生后应对脐带做2道结扎,从中剪断。

4. 检查胎衣 胎衣应在胎儿产出后2～8小时排出,超过10小时不排出时应按胎衣不下处置。即使胎衣已经排出,也要检查胎衣是否完整,如子宫里有残留部分,应及时处置。

如果难产,应当尽早请兽医师处置,其他人员不要盲目处理。

五、产 后 护 理

产后母牛护理,首先要注意外阴部和后躯的消毒和清洁,如尾根和外阴周围粘有恶露,应及时洗净,要经常更换褥草,清扫牛床。产牛需充分供给饮水。产后10天内应给予质量好的饲料,此后可慢慢换成日常饲料。

新生牛犊要注意检查脐带。生后1周脐带应干萎脱落,如有异常应及早处置。牛犊在生后30～50分钟必须吃上初乳。要保持圈舍卫生,注意保温、通风。

第六节　提高母牛繁殖力技术

一、繁殖力的概念

家畜的繁殖力是指家畜正常繁殖功能及生育后代的能力。母牛的繁殖力主要是生育后代的能力和哺育后代的能力。近年来，为开发母牛的潜在繁殖能力，已采用超数排卵、采集卵巢上卵泡内卵子进行体外受精和胚胎移植等新技术，充分发挥母牛的繁殖能力，并已经发展为胚胎生物工程技术。

二、牛的正常繁殖力指标计算方法

(一)衡量繁殖力的指标和正常受胎率

1. 不返情率　牛妊娠后通常不再出现发情，所以可用不再发情率(不返情率)粗略反映受胎率。随着时间的推移，不返情率逐渐下降，因此在使用不返情率这一指标时，一定要注明时间参数。

2. 配种指数(每次妊娠所需配种的情期数)

$$配种指数 = \frac{配种情期头数}{妊娠数}$$

3. 情期受胎率

$$情期受胎率 = \frac{妊娠头数}{配种情期头数} \times 100\%$$

正常情期受胎率为 $54\% \sim 55\%$。

(二)衡量综合繁殖力的指标

1. 空怀天数　空怀时间以 80 天为理想。这样既能保证 1 年 1 胎，又可充分发挥牛的泌乳潜力。大多数情况为 $90 \sim 100$ 天，甚至更长一些。

我国牧区和山区，黄牛所需营养素几乎完全依赖天然草场，全年的营养状况存在着极大的季节差异。这些地区，母牛大多集中在牧草丰盛的季节发情,配种期很短。母牛产犊后需要哺育犊牛,分娩至产后第一次发情的间隔时间很长,容易错过配种季节。所以,这些地区当年产犊翌年再发情配种是一种相当普遍的现象。

2. 繁殖率

$$繁殖率 = \frac{实产活犊数}{配种母牛数} \times 100\%$$

3. 繁殖成活率

$$繁殖成活率 = \frac{断奶时存活犊数}{配种母牛数} \times 100\%$$

三、影响与提高繁殖力的因素

(一)影响繁殖力的因素

1. 遗传因素 这是影响肉牛繁殖率的主要因素。

2. 生态环境因素 肉牛生活的自然环境中,光照、温度的季节性变化,都具有一定的刺激作用,通过生殖内分泌系统,引起生殖生理的反应,对繁殖力产生影响。母牛在炎热的夏季,配种受胎率降低。公牛由于气温升高,造成睾丸及附睾温度上升,影响正常的生殖能力和精液的品质,也严重影响繁殖力。

3. 营养因素 饲料营养维持着肉牛的繁殖能力。若营养缺乏,如缺乏蛋白质、维生素和矿物质中的钙、磷、硒、铁、铜、锰等营养成分,将导致青年母牛初情期推迟,成年母牛出现乏情,发情周期不正常,卵泡发育和排卵迟缓,早期胚胎发育与附植受阻,增加早期胚胎死亡率和初生犊牛死亡率,严重的将造成母牛繁殖障碍,失去繁殖力。

4. 繁殖技术因素 这是一种人为因素。

5. 繁殖疾病因素 家畜的繁殖是系统完整复杂的生理生殖过程。若任何一个环节受到干扰和破坏,将出现繁殖疾病而发生繁殖障碍。

(二)提高繁殖力的途径

提高肉牛繁殖力的途径,主要是针对影响繁殖力的因素,从加强营养和饲养管理、提高繁殖技术和繁殖疾病的治疗等方面入手,采取各种有效的科学措施,应用现代先进的繁殖技术,开发潜在的繁殖力,才能最大限度地提高肉牛的繁殖力。

1. 公牛方面 一要严格选育种公牛。种公牛是影响母牛繁殖力的重要因素。二要按照国家标准的要求生产优质精液。必须严格按照科学日粮的配方进行饲养管理。同时,还要进行定期检疫和严格的隔离消毒防疫措施。制订采精制度,认真按照技术要求进行冷冻精液的生产,保证公牛健康状态和旺盛的性欲,生产优质的冷冻精液。

2. 母牛方面 一要加强饲养管理,维持并保证母牛正常繁殖功能。预防疫病,建立良好的牛舍条件,对于某些由于生殖道疾病或是由于生殖内分泌失调、生殖生理功能异常的母牛,及时应用相应的生殖激素进行针对性治疗。二要加强保胎防流产,维持正常的妊娠。

3. 繁殖技术方面 一要提高配种人员的技术素质。二要采用胚胎移植和胚胎生物工程技术,应用常规的繁殖新技术。

第七节 肉牛繁殖新技术及利用

牛的繁殖新技术层出不穷,但目前由于技术上尚存在难点而大多处于实验或研究阶段。然而,这些技术的应用能给养牛户和生物技术公司带来巨大的经济收益,故做以下概括介绍。

一、同期发情

同期发情技术,是指通过利用激素或其他药物对群体繁殖母牛进行处理,人为地控制和调整它们的自然发情周情进程,使不同时间发情的母牛变为在一定时间内集中发情,集中配种。不仅有利于人工授精的开展,普及人工授精,缩短配种时期,节约时间和劳力,降低费用,提高工作效率,而且由于配种时间的集中,牛群产犊时间也趋于一致,这样使母牛的妊娠、分娩和犊牛的培育在时间上相对集中,有利于商品肉牛的成批生产,可以合理地组织生产,有效地进行饲养管理,节约劳力和降低成本。

二、超数排卵和胚胎移植

超数排卵指应用促性腺激素诱发卵巢多个卵泡发育,并排出具有受精能力的卵子。胚胎移植是把一头母牛的早期胚胎从输卵管或子宫内冲洗出来,再移植到另一头母牛的输卵管或子宫使其继续发育为胎儿,一般供给胚胎的良种或优秀个体母牛,接受移植的母牛为生产性能差的个体或品种,从而达到"借劣质母牛之腹怀优秀个体之胎"。超数排卵和胚胎移植相结合,能最大限度地提高优秀母牛生产后代的能力。在自然状态下,1头母牛一生排出的成熟卵母细胞不超过 300 个。而通过超排技术,至少可以获得数倍,甚至于数十倍自然状态下的排卵数,受精后即可获得多个胚胎。超数排卵应用的药物有:孕马血清促性腺激素(PMSG)、前列腺素(PG)、促排卵类药物、孕激素。

三、体外受精

体外受精指通过人为操作使精子和卵子在体外环境中完成受精的过程。其技术主要包括以下几个环节:卵母细胞的采集、卵母细胞的体外成熟培养、精子的体外获能、体外受精(是将成熟的卵母细胞移入培养液和液滴中,加入获能精子,置于二氧化碳培养箱中共同孵育,完成受精过程)、受精卵的体外培养(指将受精卵移入培养液中继续培养、移植:当早期胚胎发育到桑葚胚或囊胚期,即可移植给受体母牛)。

四、性控技术

胚胎性别控制就是通过人工干预,按照人的意愿繁殖所需性别后代的技术。例如,在奶牛,人们希望能繁殖出较多的母犊;而在肉牛,希望能繁殖较多的公犊。目前胚胎性别控制有两种方法:X 和 Y 精子分离法:有流式细胞分离法、沉淀法、密度梯度离心法、电泳法、H-Y 抗原法等。其中流式细胞分离法较准确,其成功率可达 90% 以上。但该方法存在的问题是:精子经处理后运动能力下降,分离需时较长,因而还未能在实践中应用。其余几种方法虽然有报道,但重复性差,结果不稳定。胚胎性别鉴定:Y 染色体特异性基因探针法是目前广泛利用的一种新方法,可靠性高达 90% 以上,且胚胎损伤极小,是目前对牛的早期胚胎做性别鉴定的较为成熟技术。

五、基因导入

基因导入指通过显微操作手段将外源的特定基因导入胚胎中,以获得转基因动物的技术。其应用前景主要表现在:①促进肉牛生长。②开展抗病育种。③改变牛产品组成,提高牛产品质量。④生产高效生理活性药物。

六、胚胎克隆

胚胎克隆是将优良母牛胚胎的卵裂球分离,分别注入到一般母牛的去核卵母细胞中,使优良且遗传基础相同的基因成倍增加的方法。包括胚胎分割、细胞核移植和连续细胞核移植等。近年来报道的克隆牛和克隆羊等的繁殖成功,对畜牧业生产将产生巨大影响。在生产上应用此技术,尚有较大距离,但了解胚胎工程的动向是十分有益的。

第九章　肉牛肥育技术

第一节　肉牛肥育基本知识

一、肉牛肥育技术及原理

　　肉牛肥育的目的是为了增加屠宰牛的肉和脂肪,改善肉的品质。从生产者的角度而言,是为了使牛的生长发育遗传潜力尽量发挥完全,使出售的供屠宰牛达到尽量高的等级,或屠宰后能得到尽量多的优质牛肉,而投入的生产成本又比较适宜。

　　要使牛尽快肥育,则给牛的营养物质必须高于维持和正常生长发育之需要,所以牛的肥育又称为过量饲养,旨在使构成体组织和贮备的营养物质在牛体的软组织中最大限度地积累。肥育牛实际是利用这样一种发育规律,即在动物营养水平的影响下,在骨骼平稳变化的情况下,使牛体的软组织(肌肉和脂肪)数量、结构和成分发生迅速的变化。

二、肉牛肥育的营养类型和最佳肥育期选择

　　肉牛在肥育全过程中,按给予的营养水平划分,可分为以下 5种类型。

　　高-型:从肥育开始直至结束都是高营养水平;

　　中-型:肥育前期中等营养水平,后期高营养水平;

　　低-型:肥育前期低营养水平,后期高营养水平;

　　高-型:肥育前期高营养水平,后期低营养水平;

　　高-型:肥育前期高营养水平,后期中营养水平。

　　正常情况下,均采用前 3 种类型,其中高高型营养水平肥育相

当于育成牛的"持续肥育法",中高型、低高型营养水平肥育相当于育成牛肥育的"前期多粗饲料肥育模式"。后两种类型只在特殊情况下才使用。采用不同的营养类型肥育牛,牛的增重效果是不同的。肥育前期采用高营养水平时,期间牛可获得较高的增重,但持续时间不会很长,因此当继续高营养水平饲养时增重反而降低;肥育前期采用低营养水平,期间虽增重较低,但当采用高营养水平时,增重提高;从肥育全程的日增重和饲养天数综合比较,肉牛肥育期的营养类型以中高型较为理想。

肉牛肥育期的选择,尽管没有限制,即任何年龄段的牛均可进入肥育,但不同年龄段的牛,生长强度和体组织生长模式不同,因而肥育效果相差很大。如对于生产优质、高档牛肉的直线肥育方式来说,最好的肥育开始年龄是 1.5～2 岁,此时是牛生长旺盛期,生长能力比其他年龄段高 25%～50%。而对于 3～6 个月短期肥育来说,选择 3～5 岁、体重 350～400 千克的架子牛,则经济效益更可观。

三、肉牛肥育的最佳结束期

判断肉牛肥育的最佳结束期,不仅对养牛者节约投入、降低成本有利,而且对提高牛肉的质量也有重要意义。因为肥育时间的长短和出栏体重的高低不仅与总的饲料利用率相关,而且对牛肉的嫩度、多汁性、肌纤维粗细、大理石状花纹丰富程度及肉的含脂率等有重要影响。

肉牛肥育最佳结束期可以采用以下方法进行判定。

采食量判断:肉牛对饲料的采食量与其体重相关。每日的绝对采食量一般是随着肥育期时间的增加而下降。如果下降达正常量的 1/3 或超过时,可考虑结束肥育。如果按活重计算的采食量(干物质)低于活重的 1.5% 时,可认为达到了肥育的最佳结束期。

用肥育度指数判断:肥育度指数的计算方法为:

$$肥育度指数＝体重/体高×100$$

一般指数越大,肥育度越好。当指数超过 500 或达到 526 时,可考虑结束肥育。

从牛的体型外貌判断:主要是判断牛的几个重要部位的脂肪沉积程度。判断的部位有:皮下、颌部、胸垂部、肋腹部、腰部、坐骨端和下肷部。当皮下、胸垂部的脂肪量较多,肋腹部、坐骨端、腰部沉积的脂肪较厚实时,即已达到肥育最佳结束期。

市场判断:如果牛的肥育已有一段较长的时间,或接近预定的肥育结束期,而又赶上节假日牛肉旺销、价格较高,可果断地结束肥育,送入肉牛屠宰场,以获取较好的经济效益。

第二节 肉牛肥育的影响因素

一、品 种

(一)杂种肉牛

生长速度和饲料利用率的杂种优势为 4%～10%,因此杂种架子牛的肥育效果最好。

(二)奶肉牛

指对奶公犊、淘汰母牛进行肥育。这种肥育的优点是:生长潜力大:荷斯坦牛初生重大,成年体重也大,可达到 637 千克,高于其他肉牛品种,因此产肉的潜力很大;经济效益高:荷斯坦牛从 136 千克直线肥育到 450 千克,饲料利用率最高,肌肉大理石花纹最理想,皮下脂肪最少,牛肉等级最高;利用粗饲料的能力强:即使用高比例粗料肥育,也可以获得很高的效益。方法是先用粗饲料条件饲养到 350 千克,然后增加精饲料量喂到 500 千克。

二、年 龄

不同年龄的牛所处的发育阶段不同,体组织的生长强度不同,因而在肥育期所需要的营养水平也不同。幼龄牛的增重以肌肉、内脏、骨骼为主,成年牛的增重除增重肌肉外主要为沉积脂肪。因此,肥育技术也有很大区别。年龄对肥育的影响见表 9-1。

表 9-1　年龄对肥育的影响

年　龄	平均日增量 (千克)	平均肥育天数 (天)	平均总增重 (千克)
犊　牛	1.09	230	250
1 岁牛	1.27	140	181.81
2 岁牛	1.32	110	145.45

三、体重和体况

体况包括体型结构、形体发育程度和前期生长发育水平。牛的体型首先受躯干和骨骼大小的影响。肉牛肩峰平整且向后延伸,直到腰与后躯都能保持宽厚,是高产优质肉的标志。犊牛生长早期如果在后肋、阴囊等处就沉积脂肪,这就表明它不可能长成大型肉牛。大骨架的牛比较有利于肌肉着生,体躯很丰满而肌肉发育不明显则是早熟种的特点。

四、环境温度

环境温度对肉牛肥育影响较大,以 7℃ 为界,温度低于 7℃ 时,牛体产热量增加,牛的采食量也增加。低温增加了牛体热的散失量,从而使维持需要的营养消耗增加,饲料利用率就会降低。而当环境温度高于 27℃ 时,会严重影响牛的消化活动,使食欲下降,采食量减少,消化率降低,随之而来的是增重下降。

在不同的肥育阶段,肉牛对饲料品质有不同的要求。幼龄牛需要较高的蛋白质饲料,成年牛和肥育后期需要较高的能量饲料。不同地域所能提供的饲料类型和加工条件不同,也需要调整肥育日程。饲料转化为肌肉的效率要远远高于饲料转化为脂肪的效率。

五、性　别

公牛的生长速度和饲料利用率高于阉牛,阉牛高于母牛(表9-2)。

表 9-2　性别对肉牛增重的影响

性　别	平均日增重(千克)	饲料：增重	最高日增重(千克)	饲料：增重
母　牛	1.09	7.5	1.23	6.9
阉　牛	1.27	6.9	1.46	6.6
公　牛	1.35	6.7	1.55	6.4

公牛的生长速度和饲料利用率比母牛或阉牛高10%～15%。饲喂公牛应注意:公牛肥育可以从断奶后立即开始,直线肥育到500千克。公牛生长速度快,因此应该用高能量日粮。公牛最好在16月龄前肥育完毕。公牛肥育最好成批进行,肥育过程中不要向同一牛舍增加新牛,否则易引起角斗和爬跨,降低生长速度。

第三节　肥育方式选择

肉牛的肥育方式有持续肥育和后期集中肥育两种。

(一)持续肥育

持续肥育是指犊牛断奶后,立即转入肥育阶段进行肥育,一直到出栏。持续肥育既可采用放牧补饲的肥育方式,也可采用舍饲拴系的肥育方式。持续肥育由于在肉牛生长速度快、饲料利用率较高的阶段进行,加上饲养期较短,所以肥育效果良好,生产的牛肉肉质鲜嫩,且成本较低,是值得推广的方法。

1. 放牧加补饲肥育法　该法适用于牧区,犊牛断奶后,以放牧为主,根据草场情况适当补以精料或干草。这种肥育方式,精饲料消耗较少,但要控制草场的载畜量。我国用利木赞牛杂种一代公牛进行试验,除冬季每日每头补1千克精料外,其余时间放牧,18月龄平均体重可达到300.7千克,肥育期平均日增重为390克。

2. 集中舍饲肥育 该法适用于专业化的肉牛肥育场(户)。犊牛断奶后采用全舍饲的持续肥育方法,肥育期给以高营养的饲料,使牛一直保持较高的日增重直至出栏。但肉牛对饲料中能量和蛋白质的利用率远远低于奶牛和乳肉兼用牛。因此,在无放牧条件的情况下,肉牛整个饲养期采用以精饲料为主的日粮进行肥育是不经济的。但在生产优质高档牛肉时则另当别论。

(二)后期集中肥育

后期集中肥育也称强度肥育或快速肥育。即从市场上选购15~20月龄的架子牛,经过驱除体内外寄生虫后,利用精饲料型的日粮(以精饲料为主搭配少量的秸秆、青干草或青贮饲料),进行3个月左右的短期强度肥育,达到出栏体重(400~450千克),即屠宰出售。这种肥育方法消耗精饲料不多,成本较低,并可增加周转次数,比较经济。近年来,我国许多养肉牛户都是靠采用强度肥育方法走上致富路的。肉牛后期集中肥育,为节约精饲料用量,可利用加工副产品(如糟渣类等)、干草、尿素和少量精饲料,或青贮料(青草青贮或玉米青贮)、干草、尿素和少量精饲料。肥育期间要限制牛的活动,并保证清洁的饮水。据试验,开始体重为370千克的架子牛,日粮为甜菜渣加矿物质、维生素,无精饲料,日增重仍可达到1.32千克。

第四节 架子牛的快速肥育

一、架子牛的选购

架子牛大多来自草原和由农户散养的、未经肥育的牛,集中在肥育场快速肥育。架子牛按年龄分为犊牛、1岁牛、2岁牛、3岁牛。也可按购买时的体重来划分。选购架子牛时,要以杂交牛品种为主,如西门塔尔、夏洛来、海福特或利木赞等纯种牛与本地牛的杂交后代。与当地牛相比,杂种牛的生长速度和饲料利用率要高4%以上。最好选择年龄为2～5岁、体重318～363千克、架子大但较瘦的牛,这种牛采食量大,日增重高,饲养期短,肥育效果好,资金周转快。

二、架子牛的运输和管理

架子牛的运输过程很重要,如不加强运输管理,则会发生掉膘和死亡的现象。架子牛运输过程中,冬天要注意保温,夏天要注意遮荫。为减少应激反应,可采用从运输前2～3天开始,每日每头牛口服或注射维生素A 25万～100万单位;或在装运前按每100千克活重肌内注射1.7毫升氯丙嗪。架子牛在装运前要合理饲喂,装运前2～3小时牛绝不能过量饮水。具有轻泻性的饲料如青贮料、麸皮、新鲜青草等,在装运前3～4小时就应停止饲喂,否则容易引起牛只腹泻,排尿过多,污染车厢,弄脏牛体,外观不好,同时还会污染沿途运输路面。

新到架子牛应安置在干净、干燥的地方休息,并提供清洁饮水和适口性好的饲料。

对新到架子牛,最好的粗饲料是长干草,其次是玉米青贮和高粱青贮。千万不能饲喂优质苜蓿干草或苜蓿青贮,否则容易引起运输热。用青贮料时最好添加缓冲剂(碳酸氢钠),以中和酸度。

对新到的架子牛,每日每头可喂2千克精饲料。方法如下:饲喂1千克含过瘤胃蛋白质多的饲料,如血粉、玉米蛋白或保护性豆饼。并且前28天每日每头牛在上述料内喂350毫克抗生素加350毫克磺胺类药物,以消除运输热。新到的架子牛在第一个28天内不要喂尿素,每日每头牛饲喂1千克能量饲料和甜菜渣。

新到架子牛一般缺乏矿物质,最好用2份磷酸氢钙加1份盐让牛自由采食。

新到架子牛每日每头补充 5 000 单位维生素 A、100 单位维生素 E。

三、架子牛快速肥育的饲养管理

一般架子牛快速肥育需要 120 天左右。可以分为三个阶段：即过渡驱虫期，约 15 天；第十六天到第六十天；第六十一天到第一百二十天。

(一)阶段饲养

1. 过渡驱虫期 约 15 天。对刚从草原买进的架子牛，一定要驱虫，包括驱除内外寄生虫。实施过渡阶段饲养，即首先让刚进场的牛自由采食粗饲料。粗饲料不要铡得太短，长约 5 厘米。上槽后仍以粗饲料为主，可铡成 1 厘米左右。每天每头牛控制喂 0.5 千克精饲料，与粗饲料拌匀后饲喂。精饲料量逐渐增加到 2 千克，尽快完成过渡期。

2. 第十六天至六十天 这时架子牛的干物质采食量要逐步达到 8 千克，日粮粗蛋白质水平为 11%，精粗比为 6∶4，日增重 1.3 千克左右。精饲料配方为：70%玉米粉、20%棉仁饼、10%麸皮。每头牛每天 20 克盐、50 克添加剂。

3. 第六十天至一百二十天 干物质采食量达到 10 千克，日粮粗蛋白质水平为 10%，精粗比为 7∶3，日增重 1.5 千克左右。精饲料配方为：85%玉米粉、10%棉仁饼、5%麸皮、30 克盐、50 克添加剂。

(二)减少新到架子牛应激的技术

1. 必须让新到架子牛尽快适应肥育饲料

(1)成年架子牛适应肥育饲料的方法 若任其自由采食长干草(或玉米青贮)时，第一天到第五天每天每头牛喂 2 千克精饲料，其中 1 千克蛋白质饲料，1 千克能量饲料。自由饮水。第六天以后，每天每头牛增加 0.5 千克能量饲料，直至每 100 千克体重喂 1 千克精料为止。若饲喂精饲料和粗饲料的混合日粮时，应采取以

下方法(表 9-3):

表 9-3　肥育期精粗饲料比

天　　数	饲料类型	粗饲料的比例(%)
第一天	干草	100
第二至四天	干草、精饲料	90
第五至十四天	粗饲料、精饲料	70
第十五至二十一天	粗饲料、精饲料	60
第二十二天到出栏	粗饲料、精饲料	60~40

(2)犊牛适应肥育饲料的方法　新到犊牛容易出现的问题是不吃饲料、不饮水、酸中毒、臌胀和腹泻。不吃饲料和不饮水的原因是新到的犊牛对环境不熟悉,不适应肥育饲料。酸中毒的原因是一次饲喂精饲料过多,导致瘤胃内乳酸积累,血液中酸度增加。在开始时用高比例粗饲料喂牛,然后逐渐增加精料,就能避免酸中毒。臌胀病和腹泻也可以用上述方法预防。

2. 加强管理　保证饮水充足,保持牛场安静,搞好清洁卫生,防止蚊蝇干扰。

(三)把握好饲料用量与饲喂方式

1. 饲料用量与增重速度的关系　目前有两种方法:一种方法是架子牛到肥育场后就以精饲料自由采食为主直到屠宰;另一种方法是架子牛到肥育场后前期限制饲养,后期用精饲料肥育。对这两种方法简单介绍如下。

(1)自由采食式肥育　指架子牛到肥育场之后一直到出栏都采用高精饲料自由采食式肥育的方法。一般认为,在满足维持需要后,多余的饲料都用于增重。投资大、维持费用高的肥育场可以采用这种方法。

(2)限制饲养　指在肥育初期限制饲养,肥育后期自由采食。这种方法能使饲料利用率提高 5%。一般肉牛的采食量(风干物质)为体重的 2.5%~3%。

2. 影响采食量的因素

(1)体重　肉牛的干物质采食量与体重相关,可以按表9-4计算。

表9-4　肥育牛的干物质采食量　(千克)

刚到肥育场时的体重(千克)	进肥育场后的体重(千克)							
	136	182	227	273	318	364	409	454
136	4.00	4.96	5.87	6.62	7.14	7.43	7.48	7.31
182	—	5.27	6.23	7.04	7.60	7.94	8.05	7.91
227	—	—	6.59	7.45	8.07	8.45	8.70	8.52
273	—	—	—	7.86	8.53	8.96	9.15	9.10
318	—	—	—	—	8.99	9.47	9.71	9.73
364	—	—	—	—	—	9.98	10.27	10.33
409	—	—	—	—	—	—	10.83	10.94

(2)年龄　随着年龄增大,肉牛单位体重的采食量下降。

(3)日粮精粗比　随着日粮精饲料水平升高,能量浓度增加,肉牛的采食量下降。

(4)环境应激　高温、低温、泥泞和其他不良的环境条件都会导致肉牛的环境应激,使采食量下降。

(5)精饲料粉碎方法　对精饲料进行粗粉碎比细粉碎更能提高肉牛的采食量。

(四)影响肉牛增重速度的因素

1. 性别　在肥育条件下,公牛比阉牛的增重速度高10%,阉牛比母牛的增重速度快10%。所以,在选择架子牛时要考虑性别对增重速度的影响,而且目前我国出口活牛一般挑选未去势的公牛。

2. 添加剂　使用适当的添加剂可使肉牛增重速度提高,如瘤胃调控剂能提高增重速度12%。

(五)肉牛肥育管理中应注意的问题

第一,肉牛肥育要尽早出栏。因为随着体重超过 500 千克,日增重下降,每千克增重的耗料量增加,肥育成本增加,利润下降。

第二,在架子牛到达肥育场后,进行个体称重,并编号记录。肥育 1 个月后再次称重,尽快淘汰不增重或有病的牛。

第三,肥育好的牛要尽快出栏,不要等待一批全部肥育好再出栏。要充分体现肥育架子牛周转快、见效快的特点。

第五节　淘汰、老弱残牛的短期肥育

一、淘汰、老弱残牛的选择

所谓淘汰牛,是指丧失劳役能力和繁殖能力(奶牛丧失产奶能力)的老、弱、瘦、残牛。长期以来,我国素有收购这类牛作肉用的习惯,但若不经肥育就屠宰则产肉少、肉质差、效益低。为充分发挥牛的生产性能,提高养牛业的经济效益,可对这类牛进行短期催肥,然后屠宰,可以提高屠宰率和净肉率,增加肌肉和肌肉内的脂肪,并改善肉的品质。老残肥育牛应选择体格较大、前躯开阔、后躯发达(能多载肉)、腹部充盈形如船底(消化能力强)、口唇发达丰满形如荷包(采食能力强)、皮薄(易上膘)的牛。

二、淘汰、老弱残牛的饲养管理

对淘汰牛一般应采取强度肥育法,即在 80～100 天达到肥育目的。肥育前要对牛进行兽医检验,并进行驱虫。日粮中要多增加能量饲料,并注意加工调制,以增加适口性,使其容易消化吸收。日粮中粗纤维含量可以占到全部饲料干物质的 13% 以上,要求每100 千克体重每日消耗的日粮干物质含量不低于 2.2～2.5 千克。

为使淘汰牛肥育获得最佳经济效益,要做到有计划地淘汰牛只,一般肥育期以每年的 6～11 月份为宜,在秋末膘情好时出栏,这样不仅能多产肉,而且能减轻牛只安全越冬的压力。在农区,对淘汰牛可进行舍饲短期肥育。每日喂红高粱酒糟15~20千克,加入玉米(或混合米糠)1~1.5千克,其他饲料自由采食,日增重可达1~1.2千克。也可利用糟渣类如豆腐渣和玉米粉渣等(鲜用),最多每日可喂40千克。饲喂时将切短的干草混入,再加2.5千克谷糠或少量精料,分次喂给,日增重可达1千克。在牧区和半农半牧区,可采用放牧(或刈割青草)肥育法。对淘汰牛每日放牧4~6小时,使牛能尽量采食到足够的干物质。如果放牧采食不足,应刈割青草补充。最好夜间能加喂1次精饲料。

淘汰牛在肥育期应保证有充足的时间休息。反刍(每日8小时以上),要按程序饲养,做到水草均匀。牛舍要保持清洁、干燥和通风良好,冬季舍温应保持在10℃以上。

第六节　降低肥育期饲料成本的方法

饲料费用占肉牛肥育费用的70%~80%。因此,必须科学饲养,降低饲料成本。

一、选择合适的精粗比和营养水平

在架子牛肥育的不同阶段,应该选择不同的饲养水平。在开始30天内,要求精粗比为3∶7至1∶1,粗蛋白质含量为12%;中间70天,要求精粗比为6∶4,粗蛋白质含量为11%;最后10天至20天,精粗比为7∶3至8∶2,粗蛋白质含量为10%。

二、使肉牛在后期达到最大精饲料采食量

一般在最后10天,要求精饲料日采食量达到4~5千克,粗饲料让肉牛自由采食。这样用于维持的饲料量相对降低。

三、饲料加工

精饲料中玉米不可粉碎得太细（大于 1 毫米），否则影响适口性和采食量，使消化率降低。高粱必须粉细碎至 1 毫米，才能达到较高的利用率。

粗饲料不应粉碎得过细，以 5～10 毫米长为最佳。否则呈面粉状，沉积瘤胃内，影响反刍和饲料消化率。容易引起瘤胃积食等疾病。

四、合理利用工业副产品，节约精饲料用量

我国啤酒糟、酒糟、淀粉渣、豆腐渣、糖渣和酱油渣的产量每年约 3 000 万吨。这些资源喂猪和鸡效果不好。但对肉牛肥育则是宝贵的饲料资源。这些饲料的缺点是营养不平衡，单独饲喂时效果不好，容易造成肉牛生病。如果结合添加剂使用，就能够代替日粮内 90％精饲料，日增重仍可达到 1.5 千克。用法和用量如下。

啤酒糟每日每头牛喂 15～20 千克，加 150 克小苏打、100 克尿素、50 克肉牛添加剂。

酒糟每日每头牛喂 10～15 千克，加 150 克小苏打、100 克尿素、50 克肉牛添加剂。

淀粉渣、豆腐渣、糖渣、酱油渣每日每头牛喂 10～15 千克，加 150 克小苏打、100 克尿素、50 克肉牛添加剂。

第七节 典型日粮配方

一、以青贮玉米为主的肉牛肥育料配方

见表 9-5。

表 9-5　以青贮玉米为主的肉牛肥育料配方

饲料名称	饲料干物质含量(%)	日粮干物质中			占日粮的比例(%,湿重)
		干物质(%)	维持净能(兆焦/千克干物质)	增重净能(兆焦/千克干物质)	
青贮玉米	25.6	55	3.59	2.30	80.80
玉　米	88.0	40	3.80	2.47	17.10
棉籽饼	89.6	5	0.33	0.21	2.10
总　计		100	7.72	4.98	100

青贮玉米是肥育牛的优质饲料,饲喂青贮时,在较低精料水平下就能达到较高的日增重。但随着精饲料喂量逐渐增加,青贮玉米的采食量逐渐下降(表 9-6)。玉米青贮按干物质的 2% 添加尿素饲喂能获得很好的效果。

表 9-6　精料水平与青贮玉米采食量的关系

项　　　　目	处　　理			
	1	2	3	4
精饲料水平(千克/日)	1.00	1.25	2.15	3.04
青贮玉米采食量(湿重,千克/日)	25	23	20	17
日增重(千克)	1.190	1.285	1.305	1.340
胴体千克/100 千克精饲料干物质	93.2	79.8	47.6	34.5

二、以酒糟为主的肉牛肥育料配方

以 300 千克体重的生长肉牛为例,其配方见表 9-7。

表 9-7　以酒糟为主的肉牛肥育料配方

名　　　称	用量(湿重)
玉　米	1.5 千克
鲜酒糟(湿重)	15 千克

续表 9-7

名　　　称	用量(湿重)
谷　草	2.5 千克
尿　素	70 克
盐	30 克
添加剂	50 克

酒糟的粗蛋白质降解率低,单纯饲喂酒糟时容易导致瘤胃内可降解氮不足,使粗纤维消化率下降。因此,在酒糟日粮中加入一定比例的尿素会取得较好效果。

第十章　高档牛肉生产技术

第一节　高档牛肉的概念

高档牛肉是指按照特定的饲养程序,在规定的时间完成肥育,并经过严格屠宰程序分割到特定部位的牛肉。

我国的牛肉在嫩度上一直无法与猪、禽肉相比,这是因为我国没有专门化肉牛品种及真正的肉牛肉,牛肉普遍较老,不容易煮烂。随着我国引进世界上专门化的肉牛良种和肉牛培育技术,对地方品种黄牛进行杂交改良,对架子牛进行集中肥育饲养,肥育后送屠宰厂屠宰,并按规定的程序进行分割、加工、处理。其中几个指定部位的肉块经过专门设计的工艺处理,这样生产的牛肉,不仅色泽、新鲜度上达到优质肉产品的标准,而且具有和优质猪肉相近的嫩度,受到涉外与星级宾馆餐厅的欢迎,被冠以"高档牛肉"的美称,以示与一般牛肉的区别。因此,高档牛肉就是牛肉中特别优质的、脂肪含量较高和嫩度好的牛肉,是具有较高的附加值、可以获得高额利润的产品。

第二节　国内外高档牛肉发展概况

随着世界经济的发展,人类食品结构发生很大变化,牛肉消费量增加,特别是高档牛肉消费增加。为了适应高档牛肉生产的需要,一些发达国家,如美国、日本、加拿大及欧洲经济共同体都制定了牛肉分级标准。在美国,分 7 个等级,特、优最好;加拿大分为A 级、2A 级、3A 级,3A 级最好;日本牛肉分为 A、B、C 三大等级15 小级,A 级最好;欧盟国家也把牛肉分为 7 个等级,一级最好。

我国高档牛肉的标准类似美国牛肉的特、优级,加拿大牛肉的 3A
级,日本牛肉的 A 级,欧盟国家牛肉的一级。各国高档牛肉分项
指标如表 10-1 所示。日本和韩国是牛肉进口和消费大国,对高档
牛肉的数量需要量多。在经济发达国家,如美国和欧洲高档牛肉
有较大的市场。而牛肉消费较多的中东与俄罗斯对高档牛肉的需
求量相对较低。高档牛肉价格昂贵,日本进口的高档牛肉价格比
臀肉高出 1 倍,而臀肉价格又比一般牛肉高 8%~10%。牛肉的
价格与品种也有关系,如日本和牛(日本的一个肉牛品种)肉的价
格最高,其加工的菜肴成为宾馆餐厅的上品。近年来美国市场黑
色安格斯牛身价提高,这种牛肉质细嫩,受到消费者的喜爱,其毛
色为纯净的黑色,据说也是受到欢迎的一个重要特征。发达国家
牛肉的档次并不单纯局限于牛肉本身的质地。在屠宰加工过程中
工艺设备精良,肉切块修饰考究,安全和卫生品质有保证,进入市
场前的冰鲜保存以及适合不同家庭及不同用途的包装设计上独具
匠心,都是构成牛肉高档次不可分割的因素。

表 10-1　高档牛肉标准

指标		美国	日本	加拿大	中国
肉牛屠宰年龄(月)		<30	<36	<24	<30
肉牛屠宰体重(千克)		500~550	650~750	500	530
牛肉品质	颜色	鲜红	樱桃红	鲜红	鲜红
	大理石状花纹等级	1~2级	1级	1~2级	1~2级
	嫩度(剪切值)	<3.62			<3.62

指 标		美 国	日 本	加拿大	中 国
脂 肪	厚 度 (毫米)	15～20	＞20	5～10	10～15
	颜 色	白色	白色	白色	白色
	硬 度	硬	硬	硬	硬
心脏、肾、盆腔脂肪重量占体重的％		3～3.5			3～3.2
牛柳重(千克/条)		2.0～2.2	2.4～2.6		2.0～2.2
西冷重(千克/条)		5.5～6.0	6.0～6.64		5.3～5.5

随着国内人民生活水平的提高,对牛肉的数量和质量不断提出新的要求,其中肉的质地好、价格合理两个方面最重要。改革开放以后,政策允许各大涉外宾馆可以由香港进口牛肉,进口优质牛肉的高价格也刺激了国内的生产者,有远见的城乡企业主纷纷到农业院校及科研单位寻求科学技术的支持,办起了各种规模的肥育牛场,以河北省最为活跃。该省利用农作物秸秆资源丰富,邻近内蒙古东部、山西晋中及晋东南等黄牛产区的优势,首先兴办"易地肥育"牛场,同时推广用氨化秸秆及玉米秸青贮技术,进行高档优质牛肉生产。河北省带动了山东、安徽、河南、辽宁、内蒙古等省、自治区也相继办场养牛,为优质肉牛的培育打下了基础。在活牛出口的贸易中,牛肉质量不断提高。国内也建立了屠宰加工工艺较先进的肉联厂,如河北省大厂回族自治县的华安肉类有限公司,率先生产高档牛肉与优质切块牛肉,供应部分涉外宾馆及使馆区的需要,揭开了国内高档牛肉生产的序幕。这些企业为改变国内高档牛肉依靠进口的局面作出了贡献。

第三节　高档牛肉生产体系

一、品　种

高档牛肉生产的关键之一是品种的选择。首先，要重视我国良种黄牛的培育，我国黄牛有近 8 000 万头，其中能繁殖的母牛约占 40%。这是进行杂交改良，培育优质肉牛的基础。其次，要充分利用引进的良种，用来改良地方黄牛品种，生产杂交后代。

我国良种黄牛数量大、分布广，对各地气候环境条件有很好的适应性，各地养殖农户熟悉当地牛的饲养管理和习性。经过肥育的牛，多数肉质细嫩，肉味鲜美，皮肤柔韧，适于加工制革。主要缺点在于体型结构上仍然保持役用牛体型，公牛前躯发达，后躯较窄，斜尻，腿长，生长速度较慢，与当前肉用牛生产的要求不适应，需要引进国外肉牛良种进行杂交，改良体型，提高产肉性能，同时保持肉质细嫩的特点。

我国产肉性能较好的黄牛品种有蒙古牛、秦川牛、南阳牛、鲁西牛、晋南牛、武陵牛（长江以南的品种总称）。从国外引进的肉用牛与兼用牛有安格斯牛、海福特牛、夏洛来牛、利木赞牛、西门塔尔牛、短角牛及意大利的皮尔蒙特牛。

二、饲养管理

(一)不同牛种对饲养管理的要求不同

地方良种黄牛如秦川牛、南阳牛、鲁西牛等，因为晚熟，生长速度较慢，但适应性强，可采取较粗放的饲养，1 岁左右的小架子牛可用围栏散养，日粮中多用青干草、青贮和切碎的秸秆。当体重长到 300 千克以上、体躯结构均匀时，逐渐增大混合精饲料的比重。

夏洛来、利木赞等品种牛与黄牛杂交的后代，生长发育较快，要求有质量较好的青、粗饲料。饲喂低质饲料往往严重影响牛的发育,降低后期肥育的效果。

(二)饲　料

优质肉牛要求的饲料质地优良。各种精饲料原料如玉米、高粱、大麦、饼粕类、糠麸类须经仔细检查,不能潮湿、发霉,也不允许长虫或鼠咬,否则将影响牛的采食量和健康。精料加工不宜过细,呈碎片状有利于牛的消化吸收。

优质青、粗饲料包括正确调制的玉米秸青贮,晒制的青干草,新鲜的糟渣等。作物秸秆中豆秸、花生秧、干玉米秸等营养价值较高,而麦秸、稻草要求经过氨化处理或机械打碎,否则利用率很低,影响牛的采食量。若有牧草丰茂的草地,小架子牛可以放牧饲养。

(三)管　理

1. 保健与卫生　坚持防疫注射,新购入或从放牧转入舍饲肥育的架子牛,都要先进入专用观察圈驱除体内外寄生虫。根据需要对小公牛进行去势或去角、修蹄。经过检查认为健康无病的牛再进行编号、称重、登记入册,按体重大小和牛种分群,然后进入正式肥育的牛舍。

2. 圈舍清洁　影响圈舍清洁的主要因素是牛的排泄物,1头体重 300～400 千克的牛每日排出粪尿 20～25 千克,粪尿发酵产生氨气,氨浓度过大会影响牛的采食量以及健康。此外,圈舍内每日尚有剩余的饲料残渣,必须坚持每日清扫。要保持圈舍干燥卫生,防止牛滑倒以及蚊蝇孳生和体内外寄生虫的繁殖传染。经常刷拭牛体,可促进血液循环,加速换毛过程,有利于提高日增重。

3. 饲料保存　为了保证饲料质量,保管是重要环节。精料仓库应做好防潮、防虫、防鼠、防鸟的工作,无论虫或鼠以及鸟粪的污染,都可能引入致病菌或病毒。一经发现,必须立刻采取清除、销毁或消毒等措施。青贮窖内防止长霉或发酵变质,干草及秸秆草堆则要做好通风、防雨雪的工作,避免干草受潮变质,更要注意防火。干草堆被雨雪淋湿后,可能发酵升温引起自燃。此外,夏日暴晒,若通风不良,也可能自燃。

第四节　高档牛肉生产分类

一、小牛肉的生产

所谓小牛肉是指出生后饲养至 1 周岁之内,体重达到 450～500 千克的小牛所产的肉。小牛肉富含水分,鲜嫩多汁,蛋白质含量高而脂肪含量低,风味独特,营养丰富,是一种自然的理想高档牛肉。牛肉品质要求多汁,肉质呈淡粉红色,胴体表面均匀覆盖一层白色脂肪。

小牛肉生产时 1 月龄内可按体重的 8%～9% 喂给牛奶,精饲料量逐渐增加至 0.5～0.6 千克。1 月龄后日喂奶量基本保持不变,喂料量要逐渐增加。粗饲料(青干草或青草)自由采食。喂奶(或代用乳)直到 6 月龄为止,可以在此阶段出售,也可以继续肥育至 7～8 月龄或 1 周岁出栏。为节省用奶量,提高增重效果并减少疾病的发生,所用的肥育精饲料应具有热能高、易消化的特点,并可加入少量的抑菌制剂。可以采用下述饲料配方:玉米 60%,豆饼 12%,大麦 13%,鱼粉 3%,油脂 10%,骨粉 1.5%,食盐 0.5%,每千克饲料加入 22 毫克土霉素。冬、春季节在此基础上每千克饲料添加维生素 A 10 000～20 000 单位。

二、白牛肉的生产

白牛肉是指生后 90～100 天,体重达到 100 千克左右,完全用全乳、脱脂乳或代用乳培养的犊牛所产的肉。犊牛从初生至 3 月龄,完全靠牛奶(或代用乳)来供应营养,不喂给其他任何饲料,甚至连垫草也不能让其采食。供小白牛肉生产的犊牛要选择优良的肉用品种、乳用品种、兼用品种或杂交牛的牛犊,要求身体健康、消化吸收功能强、生长发育快,初生重在 38～45 千克。白牛肉肉质细嫩,味道鲜美,全白色或稍带浅粉色,近似鸡肉,带有乳香气味,适用于各种烹调方法。生产白牛肉每增重 1 千克牛肉约消耗 10 千克牛奶,因此其价格是一般牛肉的8～10 倍。近来采用代乳料和人工乳来喂养,平均每生产1千克白牛肉需要13千克的代乳料或人工料。犊牛初生时,瘤胃发育较差,其消化生理与单胃动物相同。如生后完全用液状饲料——全乳或代用乳饲喂,可以抑制胃的活动和发育,使犊牛不反刍和不发生"空腹感",从而快速生长发育。

三、普通高档优质牛肉生产

普通高档优质牛肉生产,是指利用精挑细选的肥育架子牛,通过调整饲养过程和阶段,强度肥育饲养管理来生产高档优质牛肉的技术。由于是通过肥育过程来生产高档优质牛肉,因此对架子牛的品种、类型、年龄、体重、性别和肥育饲养过程的要求都比较严格,只有这样,才能保证高档优质牛肉生产的成功。另外,为了保证高档优质牛肉生产所需肥育架子牛的质量,专门化肥育场应建立自己稳定的肥育架子牛生产供应基地,并对架子牛的生产进行规范化饲养管理指导。有条件的肉牛生产企业,则应自己进行肥育架子牛培育,肥育生产过程和肉牛出栏后的屠宰加工和产品销售,以保证高档优质牛肉的出产率和生产的经济效益。

高档优质牛肉在我国市场前景广阔,近年来来华观光的外宾、华侨和港澳台胞,以及各国客商年年增加,各大中城市先后新建了涉外宾馆、饭店,旅游服务业兴旺发达,许多星级饭店、肥牛火锅店等需要大量的高档牛肉。据不完全统计,2001年我国进口牛肉量达6 000吨以上,说明在我国高档牛肉有较大的消费市场。

第五节　高档牛肉生产的经济效益评价

一、决定牛肉经济价值的因素

牛肉是肉牛生产的最终产品,产品质量的高低除受饲养管理环节的直接影响外,屠宰加工也是提高产品质量与经济价值的重要环节,最后要经过市场的检验。从产品生产到市场整个系统有以下几个因素对牛肉的经济价值起决定性的作用。

(一)精心饲养管理与规范的屠宰加工

肉牛饲养水平是培育优质肉牛的基础,包括防疫保健、清洁卫生、饲料与饲草加工以及适时调整饲粮,达到满足肉牛的营养需要等。培育的优质肉牛如果送往一般工厂屠宰,将会明显降低产品的附加值。因此,必须选择符合商品检验标准的厂家,使产品的各项指标合格,为进入市场做好准备。

(二)稳定的产品质量与产量

高档次的产品通过稳定的质量建立信誉,争取消费者。稳定的产量要有不断扩大和相对稳定的生产基地的支持,实现农商结合。

(三)包　装

包装的目的是达到卫生、方便、延长产品新鲜度和感官上的吸引力。因此,无论采用方便携带的卫生包装或真空包装都十分必要。

(四)销售渠道

一方面要选择,另一方面要开辟。在生产一开始就要考虑到销售,要保证销售渠道的稳定,不能让肥育后的牛在牛圈内等着出售,这样会降低效益。

二、屠宰产品的构成

肉牛屠宰后产品的构成,见表 10-2。

表 10-2　肉牛屠宰后的产品构成　(%)

名　　称	百分比	名　　称	百分比
商品肉	45.4	可食部分	26.7
其中:优质切块	17.8	其中:血	3.2
一般肉块	27.6	骨	8.6
可利用部分	17.2	头、蹄	5.4
其中:分割碎肉	5.3	皮	9.5
腹内脂肪	4.0	胃肠内容废弃物	10.7
肉　脏	7.9		

以上为肉牛屠宰后实测的结果。提高经济效益的潜力在于提

高商品肉的产量,尤其是价值较高的优质切块部分。仔细分割切块,减少碎肉带来的损耗,开发内脏可食部分的产品(如牛百叶加工,牛肝、牛尾等的精制,碎肉与脂肪搅碎加工成半成品等)。此外,在规模扩大后建立血、骨、皮的初级加工厂或与专业的血粉厂、骨粉厂、皮革厂联合经营,将给肉牛生产带来更高的经济效益。

三、胴体的构成

优质肉牛的屠宰率都较高,通常黄牛与引进肉牛种的杂种牛肥育后屠宰约60%,可以得到较好的胴体。胴体分割肉产量中高档肉与优质切块肉的比重不仅是肥育效果好坏的标志,也是经济效益高低的决定因素。通常肉牛胴体构成比例见表10-3。

表 10-3　肉牛胴体构成比例　(%)

名　　称	比　　例
高档肉	6～7
优质切块	24～25
一般肉	41～46
分割的碎肉	9～10
骨	15～16

四、高档牛肉生产的经济效益

各地优质肉牛屠宰产品价格差异较大,现以1995年平均价格为例进行1头牛的估算(表10-4)。

表 10-4　肉牛屠宰产品的价值估算

产　品	数　量（千克）	单　价（元/千克）	小　计（元）
高档肉	20.5	80	1640
优质切块	78.3	30	2349

产　品	数　量 （千克）	单　价 （元/千克）	小　计 （元）
一般肉	153.2	14	2144.8
分割碎肉	29.6	4	118.4
皮	1（张）	400（元/张）	400
腹内脂肪	22.3	2	44.6
内　脏	43.9	2	87.8
头、蹄、骨	78	1	78
合　计			6862.6

　　表 10-4 中均指原料产品,屠宰率约 60%,净肉率 50.7%;全部肉的价值约占肉牛总价值的 90%,可见提高产肉量是极为重要的。高档肉与优质切块在重量上只占活重的 17.8%,但价值却占肉牛价值的 58.1%。在抓好高档与优质牛肉生产的同时,搞好皮革、内脏、骨等的深加工,则肉牛生产必然会创造更高的经济效益。

第十一章　肥育牛场建设与规划要点

第一节　肉牛场的设计与规划

一、肉牛场的选址

肥育牛场具有四个特点：一是牲畜进出多。经常由产区购进架子牛，将肥育后的肉牛运出去，流动性大。二是车辆来往频繁。饲草料不断运进场内，通常有庞大的饲草堆放在牛场内。三是向空气中排出的气体多。牛属于大家畜，体积大，每日向空气中排放出大量气体，包括二氧化碳、甲烷。四是采食量大，排泄物比其他家畜多。据测定，每头中等体重的牛，每日的排泄物平均约 20 千克，1 个存栏 500 头的牛场，1 天的排泄物达 10 吨之多。

上述特点说明，牛场对周围环境会造成一定的污染，大量的饲草堆积有可能引发火灾。为此，建设牛场地点的选择十分重要。在冬季西北风为主风向、夏季东南风为主风向的地区，牛场应选择在村庄或城镇的西南方向。牛场所处的位置应交通方便。如果附近有河流或渠道，应选择在水流的下游建场。确定了大体方位后，尚有两点应予重视。

第一，地势与土壤。牛场切忌低洼涝地，宜选择地势较高、排水良好的地方。土壤黏重地区要设法治理。河沙滩地较为理想，卵石较多、不平整、不宜耕作的土地均可建牛场。

第二，水源。牛每日饮用水量较大，1 头中等体重的牛，每日饮水 10～15 升。环境温度升高或采食干饲料时，饮水量还要增加。水源要保证卫生，严禁肉牛饮用受污染的水，否则不仅影响牛的健康，也会严重影响牛肉的质量。为此对牛场水源的选择应高度重视。家畜饮用水的质量指标见表 11-1,可供作检测时判断的依据。

表 11-1　畜禽饮用水标准

项　目		标准值
感官性状及一般化学指标	色(度)	色度不超过 30°
	浑浊度(度)	不超过 20°
	臭　味	不得有异臭、异味
	肉眼可见物	不得含有
	总硬度(以 $CaCO_3$ 计,毫克/升)	1500
	pH	5.5～9
	溶解性总固体(毫克/升)	4000
	氯化物(以 CL^- 计,毫克/升)	1000
	硫酸盐(以 SO_4^{2-},毫克/升)	500
细菌学指标	总大肠菌群(个/100 毫升)	成年畜 10,幼畜和禽 1
毒理学指标	氟化物(以 F^- 计,毫克/升)	2.0
	氰化物(毫克/升)	0.2
	总砷(毫克/升)	0.2
	总汞(毫克/升)	0.01
	铅(毫克/升)	0.1
	铬(六价,毫克/升)	0.1
	镉(毫克/升)	0.05
	硝酸盐(以 N 计,毫克/升)	30

二、肉牛场的布局与规划

肉牛场内的各种建筑物的布局和规划应本着因地制宜和科学饲养管理的原则,既要保证肉牛的生长发育和有利于提高劳动效率,又要合理利用土地资源、节约基本建设投资。因而建筑物的布局应力求整齐、紧凑,使工作人员能以最短的路线到达牛舍,避免穿行整个牛场。同时,还要有利于生产和兽医防疫,并符合消防要求。

牛场布局要点如下。

(一)生产与生活区分开

这是建筑布局的基本原则。生产区主要指养牛设施及饲草料加工、存放设施;生活区指办公室、食堂、厨房、宿舍等区域。

(二)风向与水的流向

依冬季和夏季的主风向分析,办公和生活区力求避开与饲养区在同一条线上。即生活区不在下风口而应与饲养区错开,生活区还应在水流或排污沟的上游方向。

(三)牛棚舍方位

正常饲养牛舍是主要建筑,同时在场的边缘地带应有一定数量的观察牛舍,供新购入牛喂养观察、防疫、消毒之用。北方地区,牛棚纵轴通常为南北方向,气温较高地区可以为东西向。三面墙的单列牛舍通常纵轴也为东西或偏东方向,背墙向北,以阻挡冬、春季的北风或西北风。

(四)安　　全

牛场的安全包括防疫、防火、防止夜间跑牛,建筑及布局要考虑这三方面的因素。例如,易引起火灾的堆草场,在布局上应位于养牛区的下风向,一旦发生火灾不会威胁牛棚;同时采取拉开距离,或有宽的排水沟渠,或有高围墙等阻隔措施。对于防疫、防止跑牛的问题,在建筑及布局上均要有相应的安全防范措施。

第二节　牛　舍

一、牛舍的类型

(一)单列式

典型的单列式牛舍有三面围墙和房顶盖瓦,敞开面与休息场即舍外拴牛处相通。舍内有走廊、食槽与牛床;喂料时牛头朝里。这种形式的房舍可以低矮些,且适于冬、春较冷,风较大的地区。房舍造价低廉,但占用土地多。

(二)双列式

双列式牛舍有头对头与尾对尾两种形式:①头对头式:中央为运料通道,两侧为食槽,两侧牛槽可同时上草料,便于饲喂,牛采食时两列牛头相对,不会互相干扰。②尾对尾式:中央通道较宽,用于清扫排泄物。两侧有喂料的走道和饲槽。牛成双列背向。

双列式牛棚可四周为墙或只有两面墙。四周有墙的牛舍保温性能好,但房舍建筑费用高。由于肉牛多拴养,因此牵牛到室外休息场比较费力,可在长的两面墙上多开门。多数牛场使用只修两面墙的双列式,这两面墙随地区冬季风向而定,一般为牛舍长的两面没有围墙,便于清扫和牵牛进出。冬季寒冷时可用玉米秸秆编成篱笆墙来挡风,这种牛舍成本低些。

(三)散　养

散养的主要建筑物是围栏和周围放置的食槽。围栏用木材或圆钢建成,高 1.5~1.8 米,围成一定范围,邻近运送饲料通道的一侧建饲槽。每栏的面积取决于养牛头数。也可建部分遮荫棚。这种建筑节省投资和饲养的人力。

(四)塑料暖棚

在我国北方冬季寒冷、无霜期短的地区,可将敞棚式或半开敞式牛舍用塑料薄膜封闭敞开部分,利用阳光热能和牛自身体温散发的热量提高舍内温度。塑料暖棚内温度,一般可比舍外温度高10℃以上。这种牛舍的优点是造价低、每平方米不超过 100 元,且管理方便,冬天照常可以用水冲洗和清除粪便。

(五)牛场建设布局平面示意图

见图 11-1。

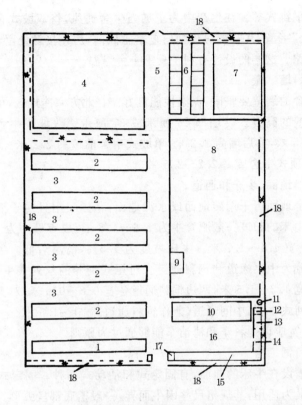

图 11-1　牛场建设布局平面示意

1. 观察牛舍　2. 肥育牛舍　3. 牛休息场　4. 粪场　5. 中央道路

6. 氨化池　7. 青贮坑　8. 堆草场　9. 地磅　10. 料库　11. 水塔

12. 泵房　13. 配电室　14. 锅炉房　15. 办公、生活用房

16. 停车场　17. 门卫　18. 绿化带

二、牛舍的建筑要求

(一)舍　顶

　　牛舍屋顶要求选用隔热保温性好的材料,并有一定的厚度。要求结构简单,经久耐用。样式可采用坡式(单坡式或双坡式)、平

顶式及平拱式等。在生产中为了加强牛舍通风,将双坡式舍顶建筑成"人"字型,其右侧房顶朝向夏季主风向,房顶接触处留8～10厘米空隙。这样的设计有利于夏季牛舍降温。

(二)墙 壁

牛舍的墙壁要坚固,保温性能良好。在北方寒冷地区,可适当降低墙壁的高度。砖墙厚24厘米或37厘米。双坡式牛舍脊高3.2～3.5米,前后墙高2.2米;单坡式牛舍前墙高2.2米,后墙高2米;平顶式牛舍墙高2.2～2.5米。

(三)地面、牛床和通道

牛舍地面可采用砖地面或水泥地面,坚固耐用且便于清扫和消毒。牛床的长度一般肥育牛为1.6～1.8米,成年母牛为1.8～1.9米。宽1.1～1.2米。牛床坡度为1.5%,前高后低。牛舍的通道可分为中央通道和饲料通道。对尾式饲养的双列式牛舍,中央通道宽1.3～1.5米,两边饲料通道各宽0.8～0.9米;对头式饲养的双列式牛舍,中间通道(兼作饲料通道)宽1～1.5米。一般来说,通道宽应以送料车和清洁车能够通过为原则。

(四)饲 槽

饲槽设在牛床的前面,有固定式和活动式两种。固定式的水泥饲槽最为适用,其规格尺寸因牛而异,一般槽底都呈弧形。

(五)门 窗

牛舍的大门应坚实牢固。大型双列式牛舍,一般设有正门和侧门,门向外开或建成铁制的左右拉动门。正门宽2.2～2.5米。侧门宽1.5～1.8米,高2米。南窗要较多较大(一般为1米×1.2米),北窗宜少而小(0.8米×1米)。窗台距地面高度1.2～1.4米。要求窗的面积与牛舍占地面积的比例按1:1～1:16设计。

(六)粪尿沟和污水池

牛舍内的粪尿沟应不渗漏,表面光滑。一般宽28～30厘米、深15厘米,倾斜度1:50～100。粪尿沟通至舍外污水池,应距牛舍6～8米,其容积根据牛的数量而定。舍内粪便必须每日清除干净,运至牛舍外的贮粪场。贮粪场距牛舍至少50米。

(七)运动场

牛舍外的运动场大小应按牛头数多少和体型大小而确定。一般肥育肉牛每头应占有面积8~10平方米,而成年母牛每头应占10~15平方米。肥育牛一般应减少运动,饲喂后拴系在动物场上休息,以减少消耗,提高增重。对于繁殖母年,每日应有充足的运动和日光浴,对于公牛应强制运动,以保证牛体健康。

第三节 牛场建筑及主要技术参数

一、牛场建设项目

依规模大小决定牛场建设所需的项目。存栏100头以下的小牛场,可以因陋就简。牛的圈舍可以分散利用空余的棚屋,休息场可利用树荫等,以降低成本。通过精心管理来补充建筑设备上的不足。存栏100头以上、有一定规模的肥育牛场,建设项目要求比较完善,包括牛的棚舍,休息场或圈,料库,拌料间,贮草场,水塔或泵房,地磅房,场区道路,堆粪场,绿化带,办公及生活用房。牛棚舍分牛棚、牛舍两种形式。寒冷季节较长的地区要建四面有墙的牛舍,或三面有墙另一面用塑料膜覆盖,利用白天的阳光保温。较温暖地区多采用棚架式建筑。

二、建筑材料的选择

(一)棚舍地面材料

棚舍是供牛采食或下雨、下雪天休息过夜的场所,其地面可用水泥或部分水泥材料,也可直接用土地。表11-2是不同季节的试验结果,说明地面建筑的材料对肉牛生产性能没有影响。

表 11-2　牛舍地面材料对牛生产性能的影响

季　节	区　分	水　泥	部分水泥	土　地
冬　季	日增重(千克)	1.15	1.16	1.18
	饲料(千克/千克增重)	11.3	11.3	11.0
夏　季	日增重(千克)	1.24	1.22	1.23
	饲料(千克/千克增重)	9.5	9.6	9.6

(二)休息场地材料

牛采食后,晴天主要在棚外休息,让牛活动、晒太阳。地面以沙质土为最好,一方面牛卧下舒适暖和,另一方面排出的尿易下渗,粪便容易干燥,这样有利于保持牛体清洁。此外,也有用砖砌的地面,或用沙、石灰、泥土三合一分层夯实的土地,都适合牛卧地休息。

(三)食槽材料

在牛舍内饲槽使用频繁,通常用砖砌加水泥涂抹,成本低,但容易破损,只要注意及时维修,是一种经济实用的材料。若从坚固耐用考虑可选用混凝土预制构件。无论哪种材料,工艺上都要求饲槽内壁呈流线形,以便清扫。

(四)其他建筑用材料

依当地自然和资源条件而定,主要有两种类型:即砖木结构,如牛舍用砖柱和木材顶梁;钢铁结构,如工字钢立柱与角铁构件的顶梁。

三、用地面积

土地是牛场建设的最基本条件,土地的利用应以经济和节约使用为原则,不同地区、不同类型的土地价格不同,计划时可以有一个幅度。这里提供部分基本参数(表 11-3)。

表 11-3　1头牛的占地面积参数　（平方米）

用　途	面　积	用　途	面　积
牛舍休息场地	8.5	料库	0.8
干草堆放场	9.4	青贮坑	0.9
场内道路	3.5	氨化池	0.5～0.6
场外道路	0.6		

四、生产用建筑物

生产用建筑物主要有草、料加工贮存设备与牛舍。每栋牛舍占用的土地与上述使用面积参数一致。青贮饲料坑的建筑依地区而不同。雨量少的地区青贮坑可以加深，占用土地面积相对减少；而多雨地区不能太深，需建成半地下式或地上式的，相应占用的土地面积要多一些。

五、办公与生活用建筑物

主要包括办公用房、宿舍、配电室、锅炉房、车库及厨房等。这些建筑物没有一致的规范，取决于生产规模及机械化和现代化的程度。例如，机械化程度低的牛场，职工休息的场所或宿舍面积相应增多了。而机械化程度高的牛场，则需要有机械仓库、维修车间等建筑。

第四节　牛场专用设备

一、用于保定的设备

(一)保定架

保定架是牛场不可缺少的设备，于打针、灌药、编耳号及治疗时使用。通常用圆钢材料制成，架的主体高 160 厘米，前颈枷支柱高 200 厘米，立柱部分埋入地下约 40 厘米，架长 150 厘米，宽65～70 厘米。

(二)鼻　环

我国农村为便于抓牛，尤其是未去势的公牛，有必要带鼻环。鼻环有两种类型：一种为不锈钢材料制成，质量好又耐用，但价格较贵。另一种为铁或铜材料制成，质地较粗糙，材料直径 4 毫米左右，价格较便宜。农村用铁丝自制的圈，易长锈，不结实，往往将牛鼻拉破引起感染。

(三)缰绳与笼头

采用围栏散养的方式可不用缰绳与笼头，但在拴系饲养条件下是不可缺少的。缰绳通常系在鼻环上以便于牵牛。笼头套在牛的头上，是一种传统的物品，有了笼头，抓牛方便，而且牢靠。材料有麻绳、尼龙绳、棕绳及用破布条搓制而成的布绳，每根缰绳长 1.5～1.7 米，粗(直径)0.9～1.5 厘米。

二、附属设施

(一)饲　槽

饲槽是牛舍不可缺少的附属设施，形式很多，有木制和混凝土制成的等等。体重 450 千克以上的肥育牛，每头要确保有 70 厘米长的饲槽。在成年母牛舍的运动场，可设补饲槽。无论何种形式的牛舍，在其饲槽上方均应加设屋檐，防止饲槽里漏进雨水。

(二)水　槽

水槽和饲槽一样也是不可缺少的附属设施。可用自动饮水器，也可以用装有水龙头的水槽，用水时加满，至少在早、晚各加水 1 次。水槽要抗寒防冻，寒冷地带最好考虑从水槽下部引管道供水，注满水后仅表面结冰层，水龙头安在原建筑物内可防止水管冻坏。

(三)地　磅

对于规模较大的肉牛场，应设地磅，以便对运料车等进行称重。

(四)堆肥场

每个牛舍为了排尿积肥,都应有混凝土砌成的堆肥场。堆肥场的面积,每头牛需 5～6 平方米。如果不设堆肥场,为了不妨碍其他作业,水要将粪便直接运往田中或固定地方堆积。提供参数如下:一个 70 米×50 米的粪场,堆 1 米高,可存放牛粪 1 000 吨,供 500 头牛的牛场使用。

(五)遮 荫

在炎热地带,夏季的直射日光对牛有不良的影响,必须考虑加蔽日设施。可在牛舍的西、南侧及沿围栅种植遮荫树木,或在围栅内立 4 根立柱搭遮阳棚。如无蔽日光直射的设施,牛易患日射病或热射病。

(六)赶牛入圈和装卸牛的场地

运动场宽阔的散放式牛舍,人少赶牛很难。圈出一块场地用二层围栅围好,赶牛、圈牛就方便得多。运动场狭小时,可以用梯架将牛赶至角落再牵捉。使用卡车装运牛时需要装卸场地。在靠近卡车的一侧可建成宽 3 米、长约 8 米的驱赶牛的坡道,坡的最高处与车厢平齐,便于往车上赶牛。运送牛多时,应制一个高 1.2 米、长 2 米左右的围栅,把牛装入栅内向别处运送很方便。这种围栅亦可放在运动场出入口处,将一端封堵,将牛赶入其中即可抓住牛,这种形式适用于大规模饲养。

另外,不带运动场的牛舍要把牛拴起来让其运动,必须设置拴牛的场所。而在公牛舍,应设伞式运动架强制公牛运动。

三、常用器具和设备

随着饲养规模的扩大,各种附属设施和器具也将随之增加,与牛舍有关的设施有散放式牛舍及单独牛舍的除粪器、田间撒粪机等。不过普通饲养规模不需要这些大型机具,只要有叉、三齿叉、拖车、独轮车及翻土机就够了。

(一)管理器具

无论规模大小,管理器具必须备齐。管理用具种类很多,主要的有以下几项:刷拭牛用的铁挠、毛刷,拴牛用的鼻环、缰绳,旧轮胎制的颈圈(特别是拴系式牛舍),测体重的磅秤和测体尺的测杖等测量器械,吸附饲料中混有的细铁丝、铁钉等杂物用的吸铁器,牛只编号管理用的耳号牌,削蹄用的短削刀、镰,无血去势器等。

(二)饲养器具

有木制的与混凝土制的,其中水槽和饲槽为绝对需要。给水设施有水槽和自动饮水器。切草用的铡刀、大规模饲养用的铡草机。有的大规模饲养牛舍,将铡草机置于小车上,切草后将草吹送到牛舍中作垫草使用。送精饲料配有小轮的送料车或小独轮车都很方便。还有称料用的计量器(10千克的弹簧秤、台秤等),有时需要压扁机或粉碎机。

(三)饲料生产机具

大规模生产饲料时,需要各种作业机械,主要是拖拉机和耕作机械。此外,为了在冬季利用优质粗饲料,应有青贮塔(或青贮窖)和青贮料切草机等。

(四)给料车

一般肉牛肥育场可用手推车给料,大型肥育场可用拖拉机等自动或半自动给料装置给料。

(五)卫生设备

竹扫帚、铁锨、平锨、架子车或独轮车是牛场清扫粪便、垃圾必备物资。这些物品在饲料加工运送时同样需要,但必须分开使用。

第五节　牛场建设资金概算

牛场建设所需资金投入依生产规模、管理水平和地区条件等而变化,资金投入包括土地、建筑、公用工程、设备与流动资金几个部分。这里饲养规模按500头牛计算,以近期价格举例说明,供建设时参考。为便于计算,所用土地按租用非耕地,每年每667平方米租金2 000元计算,各项投资费用在第一年,第二年以后的固定资产提留折旧计入成本。这里只对建设费用做出估算,对启动后的收入、税款、利润均未加考虑。

一、经济指标

经济指标是该牛场计划要求达到的生产规模、相应的管理人员与建设范围,见表11-4。

表11-4　牛场建设主要经济指标

项　　　目	单　　　位	指　　　标
存栏牛	头	500
年出栏	头	1500
占用土地	667平方米	30
员　工	人	20
土建面积	平方米	18286

二、建筑面积与经费估算

见表11-5。

表11-5　牛场建筑面积与经费估算

项　　　目	数　　量	面　　积 (平方米)	参考价 (元/平方米)	金额 (万元)
牛　舍	5	4250	400	170
料　库	1	400	500	20
办公用房		140	500	7
机修房	1	100	300	3
青贮坑	4	1800(立方米)*	30	5.4

项　目	数　量	面　积 （平方米）	参考价 （元/平方米）	金额 （万元）
氨化池	10	600(立方米)*	30	1.8
地　磅	1	60	500	3
门　卫	2	48	400	1.92
装牛台	1	24	200	0.48
配电室	1	40	500	2
锅炉房	1	60	500	3
水塔，泵房	1	24	600	1.44
堆草场	1	4700	50	23.5
粪　场	1	3500	50	17.5
污水沉淀池	1	100	300	3.0
道　路		2050	150	30.75
停车场		500	150	7.5
绿化带		1540	150	23.1
合　计		18286		324.39

＊青贮坑与氨化池参考价按每立方米计算，两项占用面积按 750 平方米计算

三、设备投资预算

设备投资预算见表 11-6。

表 11-6　牛场设备投资预算

名　称	规　格	数　量	参考价 （万元/台）	金　额 （万元）
饲料粉碎机	0.5 吨/小时	2	0.2	0.4
铡草机	1.5 吨/小时	4	0.8	3.2
锅　炉	0.5 吨	1	7.5	7.5
地　磅	10 吨	1	2.0	2.0

名　　称	规　　格	数　量	参考价 （万元/台）	金　额 （万元）
变压器	50 千瓦	1	1.0	1.0
电器设施				5.0
运输车	5 吨，2 吨	2		20.0
四轮拖拉机	1.5 吨	4	1.6	6.4
手推车		10	0.016	0.16
兽医器械				1.0
饲养工具				2.0
办公家具				1.0
合　计				49.66

四、设备安装费估算

重要的或安装难度较大的设备应由专业人员安装调试，估计约 33.2 万元。主要项目与费用（万元）如下：料库 1.4，水塔、泵房 9.6，地磅 1.2，维修车间 0.5，变电房 6，污水处理 2.4，锅炉房 6，场区工程 6。

五、建设资金概算

建设 1 个存栏 500 头牛的肥育场，其建筑设施、土地与设备构成牛场固定的资产。由以上例子中计算需投资 374.25 万元，设备安装费用 33.2 万元。预计用于买架子牛、饲料，人员工资，水、电、暖费以及办公经费等流动资金，约 286.2 万元。若有贷款，每年尚需支付银行利息。从以上几项计算，建筑与设备及安装费 407.45 万元，土地租用费每年 6 万元，流动资金 286.2 万元，合计总经费 699.65 万元。

第六节　肉牛场粪污的处理和利用

一、牛粪尿的排泄量及肥料价值

(一)牛粪尿的排泄量

家畜粪尿的排泄量因家畜种类、月龄、体重和饲料成分和给量不同而有差异。1头体重800千克的成年牛,在日粮为干草和精料且日给量为18千克的情况下,每日粪排泄量为25千克,尿量为6千克,二者合计31千克,粪尿比例约为4:1。下表列出了不同体重牛只粪尿排泄量和肥料成分。

(二)粪尿的肥料价值

1. 粪尿的肥料成分　粪便除含氮、磷、钾之外,还有矿物质,特别是有机物含量多。粪便属迟效肥料,不像化肥那样速效。但肥效长,效果稳定,宜于作基础肥料。

尿含有氮和钾,属速效肥料,但含磷量极低。

牛粪中氮、磷、钾的含量如表11-7所示。

表 11-7　牛粪中氮、磷、钾含量

项　目	粪			尿		
	氮(%)	磷(%)	钾(%)	氮(%)	磷(%)	钾(%)
含　量	0.30	0.25	0.10	0.80	—	1.40

2. 粪尿的施肥效果　粪尿农田施用效果重要的是形成稳定的腐殖质,改善土壤条件,这一点化学肥料做不到。如果将稻草、锯末和刨花等混合敷垫牛床,所得粪尿施肥的效果更好。不能施用生粪尿,必须把这些垫料制成堆厩肥后再施用。总体而言,粪尿有以下效果:提供氮磷钾三要素、微量元素的供应源、迟效性肥料、促进生长发育物质、供给微生物、改善土壤物理性质、提供有机物、保持肥料成分、抑制有害物质、缓和冲击。

二、牛粪尿的处理和利用方法

(一)牛粪尿的无害化处理

牛粪便无害化处理技术有堆肥技术、发酵技术等。对运动场上的粪便宜采用堆肥技术,粪便表面再用细土覆盖,通过发酵使残余营养物质继续降解或使之干燥,停止发酵。牛舍内经过稀释的粪便可在密闭的化粪池中发酵,或直接用机器进行无害化处理。化粪池的容积为容纳一个完整发酵周期内牛场粪尿的产生量,也可根据总容积分为 2 个化粪池,便于周转。

臭味的处理:除臭味能有效除掉粪便中的恶臭。现用除臭味剂大致分为三类,即物理、化学和生物除臭剂。

物理除臭剂主要应用掩蔽剂或吸附剂和酸制剂。牛场常用的吸附有活性炭、锯末、麸皮、米糠、沸石粉、细土等。吸附剂可吸收一些臭味物质。酸制剂可改变粪便中的酸碱值,使酸碱值降低,达到抑制微生物活动的目的,同时酸还能中和粪便中的氨气,如乳酸与氨气生成乳酸铵,变成无臭物质。常用的有甲酸、丙酸和硝酸等。

化学除臭剂可分为氧化剂和灭菌剂,氧化剂可使臭气被氧化为少臭或无臭的物质。常用的氧化剂如过氧化氢、高锰酸钾、硫酸亚铁等。灭菌剂可杀灭粪便中的微生物,停止发酵。常见的灭菌剂有甲醛。化学除臭剂一般可喷洒于粪便或倒入化粪池中。

生物除臭剂主要指酶和活菌制剂,一些酶如脲酶抑制剂,可阻断脲酶活性,减少产氨,一些活菌制剂可促进乳酸增殖,同时能使肠内乳酸等物质中和臭气,共同促进营养物质吸收。生物除臭剂一般可按比例加入日粮中饲喂,达到除臭目的。

(二)牛粪尿的有效利用

随着畜牧业的发展,畜禽粪便将成为一大公害,它不仅污染环境,同时又使大量可再生饲料资源浪费。科学的开发利用牛粪,不仅可以缓解饲料紧缺的状况,而且还可以降低饲养成本,保持生态平衡。日粮的营养水平越高或精饲料越多,粪的营养水平就越高。

1. 用作肥料 粪尿中含有氮、磷、钾和矿物质等营养元素,合理施用可以发挥有效改良土壤条件的作用,但如果滥施也有不良后果。牛粪尿的利用方法有以下三种。

(1)直接施用 田间直接施用生粪尿有两种方法:一是用撒肥车将粪尿喷洒于田间,数日后用犁耙使之与土壤混合;二是挖宽40~50厘米、深20~35厘米的沟,将粪尿流放到沟内,盖土,数日后用犁耙起。

(2)制作干粪 可以利用温室或选择靠近牛舍、向阳、通风良好的场所。把牛舍中的粪便放在地面上摊开,厚度为5厘米左右,过厚会推迟干燥。干粪的水分以 60%~65% 为宜,夏季 5 天,雨季 12 天。为了加快干燥,可以搅拌。当粪与尿混合时,水分在 90% 左右,需加些锯末,可使水分下降到 85% 以下。1 头成年牛用的摊粪的面积为 9.9 平方米。

(3)堆厩肥 堆厩肥最好的处理方法是框积法。即用厚 12 厘米的木板,制成长宽各为 1.5 米、高 30 厘米的框模,在其中放入厩肥踏实。如果踏入的厩肥高超过框模高度,可以边踩实边加高框模,再继续填入厩肥。这样可以填高到 1.5 米。如果堆积高度太低,发酵温度上不去;太高又可能造成发热,发酵不均衡。厩肥在堆积时的水分为 60%~65% 为最好。由于细菌的作用,在第七至十天时温度可达 70℃~80℃。此后可自然地进入完熟状态。堆积 1 个月的粪肥称为未熟厩肥,3 个月的粪肥称为中熟厩肥,6 个月以上的称为完熟厩肥。

2. 用牛粪开发饲料 牛粪不能直接用来喂牛,否则粪中的一些病原菌和寄生虫卵可传播。常用的加工方法有干燥和发酵。

干燥法可把牛粪摊开,经太阳暴晒干燥后经 100℃~105℃烘烤 4 小时以上,粉碎后喂牛。

发酵法有多种,如真空发酵,充氧发酵,制作青贮等。真空发酵和充氧发酵需要专门的机器。制作牛粪青贮,可按青贮量的

10%加入新鲜牛粪,拌匀制作。其制作方法可参照青贮进行。

牛粪制作的再生饲料在日粮中添加量一般为 10%～15%,主要可以用于 4 个月以上的任何肉牛。肥育牛使用时必须经过过渡期,禁止突然使用。病牛的粪禁止使用。

3. 制作沼气,综合利用 厌氧菌对粪、尿进行厌氧发酵,其产物的主要成分是甲烷(60%～70%)与二氧化碳(25%～40%)。因此,将牛粪、牛尿、剩草、废草等投入沼气池封闭发酵,产生的沼气可以供生活日用或饲料加工用作燃料,经过发酵的残渣和废水,已无活的寄生卵或寄生虫卵,可用作农田良好的肥料。充分利用甲烷,可减少对大气层的污染,对保护臭氧层具有重要的意义,较其他方法更具有推广价值。

第十二章　肉牛常见病的预防和治疗

第一节　消毒与免疫程序

生产中要建立健全消毒设施、消毒制度,严格执行免疫程序。

一、消　毒

(一)消毒剂的选择

肉牛养殖中要选择对人、肉牛和环境比较安全、没有残留毒性,对设备没有腐蚀和在牛体内不应产生有害积累的消毒剂。推荐使用:石炭酸(酚)、煤酚、双酚类、次氯酸盐、有机碘混合物(碘伏)、过氧乙酸、生石灰、氢氧化钠(火碱)、高锰酸钾、硫酸铜、新洁尔灭、松油、酒精和来苏儿等。

(二)正确的消毒方法

对清洗完毕后的牛舍喷洒消毒、带牛环境消毒、牛场道路及周围和进入场区的车辆可实施喷雾消毒。手臂、工作服、治疗设备、犊牛饲喂工具等可选用浸泡消毒。人员入口处常设紫外线灯照射消毒。对牛舍周围、入口、产床和牛床下面撒生石灰或火碱,实施喷撒消毒。对挤奶机器管道清洗消毒,可选择 35℃～ 46℃ 温水及 70℃～75℃ 的热碱水进行热水消毒。

(三)严格执行消毒制度

1. 环境消毒　牛舍周围环境(包括运动场)每周用 2% 氢氧化钠溶液消毒或撒生石灰 1 次;场周围及场内污水池、排粪坑和下水道出口,每月用漂白粉消毒 1 次(1 立方米污水加 6～10 克漂白粉)。在大门口和牛舍入口设消毒池,使用 2%～4% 火碱(氢氧化钠),为保证药液的有效,应 15 天更换 1 次药液。

2. 人员消毒 工作人员按要求更衣、紫外线照射、走过洒有消毒液的通道进入生产区；工作服不应穿出场外。谢绝来自其他养殖场的人员进入生产区；符合要求的外来参观人员，进入场区参观应彻底消毒，更换场区工作服和工作鞋，并遵守场内防疫制度。

3. 牛舍消毒 牛舍在每班牛只下槽后应彻底清扫干净，每2周1次喷雾消毒。严格对产房、犊牛舍进行彻底清洗和消毒。

4. 用具消毒 每2周1次，选择0.1％新洁尔灭或0.2％～0.5％过氧乙酸溶液对饲喂用具、饲槽和饲料车等进行消毒；兽医用具、助产用具、配种用具等日常用具要求在使用前后都要进行彻底消毒和清洗。

5. 带牛消毒 每2周1次带牛环境消毒，传染病多发季节更要加强。常用消毒液可选择0.1％新洁尔灭、0.3％过氧乙酸、0.1％次氯酸钠，以减少传染病和肢蹄病等疾病的发生。

6. 牛体消毒 助产、配种、注射治疗及任何对肉牛进行接触操作前，应先将牛相关部位，如阴道口、后躯等进行消毒擦拭，保证牛体免受感染。

7. 粪尿污物处理 加强夏季对粪尿等污染物的存放和消毒处理，避免致病菌、蚊蝇的孳生。

二、免疫程序

加强肉牛养殖中各种传染病的免疫工作，能有效地坚持以"预防为主，防重于治"的兽医原则，确保肉牛健康，牛肉品质安全，生产高效。常见的免疫程序见表12-1。

表12-1 肉牛免疫程序参考表

疫病名称	疫苗种类	接种方法
口蹄疫	牛O型口蹄疫灭活疫苗	1岁以下的犊牛肌内注射2毫升，成年牛3毫升；犊牛4～5月龄首免，20～30天后加强免疫1次，以后每6个月免疫1次

疫病名称	疫苗种类	接种方法
炭 疽	Ⅱ号炭疽芽胞苗	颈部皮内注射 0.2 毫升或皮下注射 1 毫升，每年 1 次
牛流行热	牛流行热油佐剂灭活疫苗	颈部皮下注射 4 毫升(犊牛减半)；每年在蚊蝇孳生前 2 周注射 1 次，间隔 3 周再注射 1 次
牛出血性败血症	牛出血性败血症氢氧化铝菌苗	100 千克以下的牛皮下注射 4 毫升；100 千克以上的牛皮下注射 6 毫升。每 9 个月注射 1 次
气肿疽	气肿疽明矾菌苗	颈部或肩胛后缘皮下注射 5 毫升，每年 1 次。6 月龄以前注射的到 6 月龄时再注射 1 次
布鲁氏菌病	布鲁氏菌羊型五号弱毒冻干菌苗	皮下或肌内注射 400 亿个活菌/头，每年 1 次

第二节 内科病

一、口膜炎

本病是口腔黏膜表层或深层的急性炎症，大多是由于饲喂不当造成的。如牛吃了粗硬尖锐的饲料或饲料中混有木片、玻璃等杂物、有毒植物、霉变饲料所致。此外，也可继发于某些传染病。

典型症状为流涎，口腔黏膜溃烂。但应重视和口蹄疫的鉴别。口蹄疫多发于冬、春季节，常于口腔内出现水疱，水疱溃烂后，表皮脱落，留下鲜红色烂斑。此外，在蹄部、乳头等处也可见水疱或烂斑。

治疗时应先去除病因,饲喂优质饲料,注意饲料的加工调制,忌喂发霉腐败饲料。而后用药物治疗,其方法为用2%硼酸溶液、0.3%高锰酸钾溶液或1%～2%明矾溶液冲洗口腔,然后涂布碘甘油或紫药水。全身体温升高的可注射抗生素治疗。

二、食 管 阻 塞

食管阻塞是食团或异物突然阻塞于食管的一种疾病。主要是由于饥饿导致吃草太多太急,吞咽过猛,使食团或块根、块茎类饲料未经咀嚼而下咽引起。另外,食管麻痹、食管痉挛、食管狭窄等也可引起本病。

其症状为病牛突然停止采食,烦躁不安,口流大量泡沫,头颈伸直,有时空口咀嚼、咳嗽或伴有臌气。插入胃管时胃管受阻,可确定阻塞部位。如颈部食管阻塞,可在左侧食管沟处摸到硬块。本病应与瘤胃臌气鉴别诊断,特别是在非完全阻塞而胃管又能下送时要特别小心。

根据阻塞物的性质和部位的不同,可采取不同治疗方法。挤压吐出法:适用于块状饲料所致的颈部食管阻塞。挤压之前先通过胃管送入2%的普鲁卡因10毫升、液状石蜡50～100毫升,然后用手向头部方向挤压阻塞物,使阻塞物上移经口吐出。直接取出法:适用于咽部食管阻塞。用开口器将口打开并且固定,一人用手挤压阻塞物使之上移,另一人伸手入咽,夹取阻塞物。推进法:阻塞物在胸部食管时,可通过胃管先灌入2%普鲁卡因溶液10毫升、食用油50～100毫升,然后用胃管缓慢推送阻塞物,将其顶入胃中。使用上述各法,应视瘤胃臌胀程度,随时准备穿刺放气。

三、瘤 胃 积 食

牛瘤胃积食是以瘤胃积滞过量的饲料,导致瘤胃容积扩大、胃壁扩张、运动功能障碍的疾病。主要是采食过多或采食了易于膨胀的干料或难以消化的饲料引起,如果食后立即大量饮水,更容易诱发本病。有的是由于消化能力减弱,采食大量饲料而又饮水不足所致。

其症状为食欲、反刍减少或停止,鼻镜干燥,出现腹痛不安,摇尾弓背,粪便干黑难下。触诊瘤胃胀满、坚实,重压成坑,听诊瘤胃蠕动音减弱或消失。病程延长导致瘤胃上部积有少量气体,全身中毒加剧,呼吸困难,肌肉震颤,卧地不起。

治疗原则是增强瘤胃收缩力,排除瘤胃积食,防止胃内异常发酵及毒素被吸收而引起的中毒。具体方法为10％氯化钠注射液500毫升与10％安钠咖溶液20毫升混合,一次静脉注射;或硫酸镁500克、鱼石脂30克、液状石蜡1000毫升加水一次灌服。当病牛脱水、中毒时,可用5％糖盐水1500毫升、5％碳酸氢钠注射液500毫升、25％葡萄糖500毫升、10％安钠咖注射液20毫升混合,一次静脉注射。

预防上重要的是严格饲喂制度,精饲料量不宜过大,更换饲料时应逐渐进行。

四、瘤胃膨气

本病为大量采食易发酵产气的饲料如苜蓿、甘薯秧等,饲喂大量未经浸泡的豆类饲料,饲喂发霉变质的饲料所致。

临床症状为采食后不久腹部急剧膨胀,呼吸困难,叩击瘤胃紧如鼓皮、声如鼓响,触诊有弹性,腹壁高度紧张。严重时可视黏膜发绀,四肢张开,甚至口内流涎。病至后期,患牛沉郁,不愿走动,有时突然倒地窒息,痉挛而死。继发性膨胀时好时坏,反复发作。当发作时,食欲减少或废绝,一旦膨胀消失食欲又可自行恢复。

治疗原则:排气减压,缓泻制酵、解毒。具体方法为将开口器固定于口腔,胃管从口腔直插入胃,上下左右移动,用力推压左侧腹壁,气体即可经胃管排出。待腹围缩小后,可将药物经胃管灌入。或使用穿刺法,于左胅凹陷部剪毛,用5％碘酊消毒,将16号封闭针垂直刺入瘤胃,入针深度以穿透胃壁能放出气体为限。放气时应使气体缓缓排出,最后用手指紧压腹壁,拔出针头,局部消毒。可以使用液状石蜡 1 000 毫升、鱼石脂 30 克、蓖麻油 40 毫升加水一次灌服;或食醋 1～2 升、植物油 500～1 000 毫升,一次灌服;或生石灰 300 克,加水 3～5 升,溶化取上清液灌服;或用碱面 60～90 克(用水化开),加植物油 250～500 毫升灌服,对治疗泡沫性瘤胃臌气效果良好。

五、感 冒

感冒是由于气候突变,机体受寒冷袭击而致的急性发热性疾病。该病病因主要是管理粗放,牛舍潮湿,牛体受贼风的侵袭,早春或秋末受暴雨的浇淋。当营养不良或患有慢性病,机体抵抗力下降时最易发病。

病牛精神沉郁,耳尖、鼻端发凉,鼻镜干燥,体温升高,食欲减退,反刍停止,被毛逆立。时间长者流浓稠鼻涕,粪便干燥,弓腰发抖,甚至躺卧不起。听诊肺泡呼吸音有时增强,伴有湿啰音。瘤胃蠕动音减弱。

可用 30％安乃近注射液或复方氨基比林注射液 20～30 毫升,每日 1 次肌内注射;或安痛定注射液 20～30 毫升,隔日 1 次肌内注射。对于风热感冒可用生姜 30 克,葱白 250 克,红糖 60 克煎服。银翘解毒丸 15～20 丸,1 次服用,也能收到一定疗效。

六、氢氰酸中毒

某些植物如高粱、玉米的幼苗或收割后再生的幼芽中氢氰酸含量很高,牛食后可引起中毒。另外,牛误食含氰化物的农药也可引起中毒。

病牛突然发作,起卧不安,呼吸困难,流涎、流泪,感觉过敏、兴奋,但很快转为抑制。全身无力,肌肉震颤,体温下降,严重者瞳孔散大,常伴有阵发性惊厥,最后呼吸中枢麻痹而死亡。尸体长时间不腐败,血液凝固不良,呈鲜红色。取胃内容物 50 克放烧瓶中,加蒸馏水 1000 毫升,搅匀并加少量 10%酒石酸溶液,在瓶口放一张新的苦味酸碳酸试纸,用棉花塞住瓶口,将烧瓶放入水浴锅中加温 30 分钟,如有氢氰酸存在试纸变红。

治疗可用 10%亚硝酸钠注射液 20 毫升加于 10%~25%葡萄糖注射液 200~500 毫升中缓慢静脉注射,然后再以 5%~10%的硫代硫酸钠注射液 30~50 毫升静脉注射。在治疗中还应注射强心剂、维生素 C 和葡萄糖等。

七、亚硝酸盐中毒

许多菜叶中含有硝酸盐,如发生腐烂,硝酸盐变为亚硝酸盐,牛食后可引起中毒。其次,食入过多含有硝酸盐的饲草,在瘤胃微生物的作用下生成亚硝酸盐从而引起中毒。

此病发作快,常在食后 30 分钟内发病。全身突然痉挛,口吐白沫,呼吸困难,站立不稳。可视黏膜迅速变为蓝紫色,脉搏加快,瞳孔散大。排尿次数增多,常倒地迅速窒息而死。

治疗可用 5%甲苯胺蓝注射液按 0.5 毫升/千克体重静脉或肌内注射。也可按 1~2 毫升/千克体重静脉注射 25%~50%葡萄糖注射液,加 5%维生素 C 注射液 40~100 毫升,有较好的效果。

八、尿素中毒

尿素中毒主要是由于牛食入过多的尿素或尿素蛋白质补充饲料所引起的。

病牛出现大量流涎,瘤胃膨气并停止蠕动,瞳孔散大,皮肤出汗,反复发作强直性痉挛,呼吸困难,脉搏快而弱,皮温不均,口流泡沫。通常在中毒后几小时死亡。

当中毒病牛发生急性瘤胃膨气时,必须立即进行瘤胃穿刺放气(放气速度不宜过快)。停止供给可疑饲料,投服食醋 1000 毫升,以提高瘤胃氢离子浓度(降低瘤胃 pH),阻止尿素继续分解。静脉注射 10%葡萄糖酸钙注射液 300~500 毫升、25%葡萄糖注射液 500 毫升,以中和被吸收入血液中的毒素。

尿素作为非蛋白氮饲料已被广泛应用于肥育肉牛中,但要严格控制尿素喂量,饲喂后要间隔 30～60 分钟再供给饮水。也不要与豆类饲料合喂。

九、牛黑斑病甘薯中毒

此病因食入大量的黑斑病甘薯引起,主要特征为消化障碍和呼吸困难。多突然发作,气喘,流涎,体温多数正常,肌肉发抖,粪干硬而常带血。重者肩前及背部皮下有气肿,按压有捻发音。病至后期呼吸高度困难,头颈伸直,张口伸舌喘气。

发病后立即停止饲喂黑斑病薯。为促进排出,可将 1 000 克硫酸镁配成 10％溶液投服。为解除毒素,常用 0.1％高锰酸钾液 2 000～3 000 毫升灌服。为解毒强心,可静脉注射 5％糖盐水 250～300 毫升、20％安钠咖注射液 10 毫升。为缓解水肿,解除呼吸困难,可静脉放血 1 000～2 000 毫升,同时每隔 3～4 小时静脉注射如下药物 1 次:5％糖盐水 2 000～3 000 毫升、25％葡萄糖注射液 500 毫升、20％安钠咖注射液 10 毫升及 40％乌洛托品注射液 50 毫升。

十、棉籽饼中毒

棉籽饼中含有棉籽毒和棉籽油酚,长期饲喂可引起中毒。

一般发病缓慢,经 17～10 天死亡,但严重者在病状出现后很快死亡。表现被毛粗乱,食欲反刍减退,呻吟,磨牙,全身发抖,心跳加快,眼睑水肿。瘤胃臌气,初期粪便干燥,以后腹泻,粪中常带血,有时腹痛。

一般治疗为禁饲 1 天,更换饲料。口服盐类泻剂如硫酸镁 400～800 克,也可用 5％～10％碳酸氢钠溶液灌肠。也可口服 0.3％～0.5％高锰酸钾液或 5％碳酸氢钠液 1 000～1 500 毫升,静脉注射 10％～20％葡萄糖注射液 1 000～2 000 毫升。

第三节 外科病

一、创 伤

凡家畜体表或深部组织发生损伤,并伴有皮肤、黏膜破损的,都叫创伤。在临床上根据有无感染分为新鲜创和感染创。一般创伤表现为裂开、出血、肿胀及疼痛。如为感染创,还有化脓、溃烂和坏死等表现,严重者可伴有全身症状。

(一)新鲜创的治疗

用 0.1% 高锰酸钾或 0.1% 新洁尔灭溶液彻底冲洗污染的创面,剪去四周体毛,消毒后撒上消炎粉或青霉素,然后用消毒纱布或药棉盖住伤口。如有出血应先止血,将外用止血粉撒于患处,再进行包扎。如出血比较严重,除局部止血外还应全身止血,如用维生素 K_3 注射液 10~30 毫升或止血敏注射液 10~20 毫升肌内注射。对创伤浅、面积不大、不影响愈合的伤口一般不必缝合,但创伤面积较大、裂开严重的则应缝合。

(二)感染创的治疗

感染创可按下列步骤进行治疗。

1. 清洁周围 先用无菌纱布将伤口覆盖,剪除创伤周围的被毛,用温肥皂水或来苏儿溶液洗净创面,再用 75% 酒精或 5% 碘酊进行创面消毒。

2. 清理创腔 排出创内脓汁,刮掉或切除坏死组织,然后用 0.1% 高锰酸钾溶液或 3% 过氧化氢溶液将创腔冲洗干净,再用酒精棉球擦干。

3. 外用药物 可用去腐生肌散,也可撒入消炎粉或抗生素药粉。

4. 全身用药法 在严重化脓感染时,为了防止渗出,减少机体对有毒物质的吸收,可静脉注射 10% 氯化钙注射液 150~200

毫升,10%葡萄糖注射液 500～1 000 毫升,40%乌洛托品注射液 50 毫升或 5%碳酸氢钠注射液 50～100 毫升。

二、脓　肿

牛体组织器官,由化脓菌感染形成有脓液积聚的局部性肿胀叫脓肿。

浅在性的脓肿,初期有热、痛、肿表现,以后由于发炎、坏死、溶解、液化而形成脓汁。肿胀部中央逐渐软化,皮肤变薄,被毛脱落,最后自行破溃。深部脓肿局部肿胀明显,患部触压疼痛并留有指压痕。可进行穿刺,有脓汁流出或针头附有脓汁即可确诊。

脓肿的治疗原则是:初期消散炎症,后期促进脓肿成熟。患部周围剪毛消毒,初期用冷敷和消炎剂,必要时可用 1%普鲁卡因青霉素注射液进行患部周围封闭,若发炎症状不能制止,可改用鱼石脂软膏处理。若出现全身反应时,用抗生素或磺胺类药物治疗。

第四节　产科病

一、流　产

在妊娠期间,由于母体和胎儿之间的正常联系受到破坏而发生妊娠中断,叫流产。引起流产的原因很多,一般分为传染性流产、寄生虫性流产和非传染性流产,在生产中非传染性流产最常发生。

(一)隐性流产

发生在妊娠早期,子宫内不残留任何痕迹,有时死胎及其附属膜随发情、排尿时排出体外,不易被饲养员发觉,也无临床症状。

(二)早　产

在母体妊娠未足月时排出活的胎儿,排出胎儿前 2～3 天突然出现乳房肿胀,阴唇轻微肿胀。

(三)排出死胎

多发生在母牛妊娠中后期,在死胎排出前体温略升高,脉搏加快,乳房轻微肿大,阴道检查可发现子宫颈口微开、有稀薄黏液,直肠检查可摸到子宫中的动脉搏动变弱,感觉不到胎儿的活动。

当妊娠牛有流产先兆时,可将母牛放在安静的牛舍内,减少外界不良刺激,同时给以安胎药:黄体酮皮下注射 50~100 毫克,阿托品皮下注射 15~20 毫克。如有出血,可给止血药。当胎儿死亡时应采取排出胎儿的措施。对浸溶性流产可用0.05％高锰酸钾溶液反复冲洗子宫,以便排净子宫内容物。当死胎不易排出时,可采用碎尸术分段取出。如有全身症状,可静脉注射抗生素。

流产后母牛应加强营养,添加易消化的饲料,每日投服益母草红糖汤(干益母草 1~1.5 千克煎汁,加红糖 0.5~1 千克,均分为2 次灌服)。牛床应干燥,并铺上软的垫草。

要特别注意妊娠牛的饲养管理,及时治疗母牛的各种疾病,并且要注意其用药和用量。妊娠牛的日粮配合要得当,注意蛋白质、矿物质和维生素的含量,特别在冬季枯草期应注意这些营养物质的供给,防止流产及妊娠期疾病的发生。妊娠牛不能剧烈运动或受到外伤。

二、子宫脱出

此病特征是子宫、子宫颈和阴道部分或全部脱出于阴道之外。主要发生于老龄、瘦弱母牛在妊娠期间营养不良或运动不足时。改良品种胎儿过大,胎水过多等造成子宫韧带松弛也易引起此病。

当子宫不完全脱出时,母牛弓背站立,举尾,用力努责,常有排粪尿动作,无全身症状,只有通过阴道检查才能鉴别脱出程度。子宫全脱出时,子宫全部翻露于阴门外。

子宫部分脱出时,只需将牛饲养于前低后高的地面,一般能够自行复原,要防止继续脱出或损伤,不必治疗。对于不能自行回复的部分脱出和全部子宫脱出,均需整复。整复时应使母牛站立于前低后高的地面,然后用0.1％高锰酸钾溶液进行清洗消毒,并轻而慢地剥离胎衣。如有大量出血不止或较大伤口时,应结扎或缝合。如果努责过强整复有困难时,应用2％～3％普鲁卡因注射液10～15毫升,做尾椎硬膜外腔麻醉。整复后为了防止细菌感染,可肌内注射或静脉注射抗生素,同时子宫灌注抗生素。如有出血可用止血剂。

三、胎衣不下

在正常分娩时,产出胎儿后12小时仍未排出胎衣者叫胎衣不下。主要是妊娠后期运动不足,饲料中缺乏钙盐及其他无机盐和维生素所致。此外,胎儿过大、难产、子宫内膜炎或布鲁氏菌病也可引起胎衣不下。

全部胎衣不下是指大部分胎衣滞留在子宫内,只有少量流出于阴道或垂于阴门外。有时从阴门外看不见胎衣,只有在阴道检查时才能被发现。部分胎衣不下是指大部分胎衣悬垂于阴门外,只有少量胎衣粘连在子宫母体胎盘上。病牛常表现弓背努责。胎衣不下经过2～3天后,由于胎衣腐败分解或被吸收,病牛会出现精神沉郁,食欲、反刍减少,体温升高等子宫炎症和中毒症状,从阴户中流出暗红色腐败恶露。

药物治疗可一次静脉注射10％氯化钠注射液250～300毫升,25％安钠咖注射液10～20毫升。每日1次向子宫注入10％氯化钠1500～2000毫升,使胎儿胎盘脱水收缩,脱离母体胎盘。为防止胎衣腐败,可将土霉素或四环素2克或金霉素1克溶于250毫升蒸馏水中,一次灌入子宫,隔日1次,常在4～6天胎衣可自行脱落。胎衣排出后仍须继续用药,直至生殖道内分泌物干净为止。在手术剥离前1～2小时向子宫内注入10％氯化钠1000～2000毫升,以便于剥离。在胎衣剥离后,仍应向子宫内灌注抗生素,防止感染。

四、持久黄体

在分娩后或排卵后未受精,卵巢上的黄体存在25～30天而不消失,就称为持久黄体。持久黄体分泌出助孕素,抑制卵泡发育,母牛不发情,故造成不孕。形成持久黄体的主要原因是饲养管理不当和子宫疾病所致。

临床表现为母牛长期不发情或发情而不排卵。直肠检查发现,卵巢增大,有的持久黄体一小部分突出于卵巢表面而大部分包埋在卵巢实质中。也有的呈蘑菇状突出在卵巢表面。有时在卵巢上有1个或几个不大的卵泡。持久黄体由于所处阶段不同可能是略呈面团状或者是硬而有弹性。为了确诊,需再隔25～30天进行第二次直肠检查。若卵巢状态、黄体位置、大小、质地没有变化,即可认为是持久黄体。

皮下注射胎盘组织液,每次20毫升。间隔3～5天,连用4次为1个疗程。

皮下注射孕马血清,第一天20～30毫升,第二天30～40毫升,2天为1个疗程。

肌内注射垂体前叶促性腺激素200～400单位,隔日1次,连注3次。

己烯雌酚15～20毫升一次肌注,隔15～20天再注射1次。己烷雌酚20～40毫克,一次肌内注射,每日1次,连注3天,5～7天后发情。

前列腺素5～10毫克,肌内注射,连用2天,效果显著。

持久黄体伴有子宫炎症时,应同时治疗子宫炎。

五、子宫内膜炎

子宫内膜炎是牛产后常见的一种疾病。主要由于生殖道细菌感染所引起。

(一)急性脓性卡他性子宫内膜炎

略有全身症状,病牛努责,常做排尿状,由阴门流出黏液或脓性分泌物,卧地时排出的数量更多。分泌物初为灰褐色,后为灰白色,有特殊的腐臭味。

(二)急性纤维蛋白质性子宫内膜炎

全身症状明显,体温升高,食欲减退或废绝,反刍停止。从阴门流出污红或棕黄色分泌物,内含灰白色黏膜组织小块。

(三)坏死性子宫内膜炎

子宫内膜腐败坏死,有严重的全身症状,体温升高,精神委顿。阴道黏膜干燥呈暗红色,常努责,由阴道流出褐色、灰褐色恶臭液体,内含腐败分解的组织碎块。

(四)慢性子宫内膜炎

多由急性转变而来。主要症状是屡配不孕或孕后流产,从阴道排出黏性或脓性分泌物,发情周期有时不正常。

治疗可用土霉素或四环素 2 克,金霉素 1 克,青霉素 100 万单位,青霉素 100 万单位加链霉素 0.5～1 克。以上药物任选一种溶于 100～200 毫升蒸馏水中,一次注入子宫,每日 1 次,直至排出的分泌物干净为止。有脓性分泌物的可用 5％复方碘溶液,3％～5％的氯化钠溶液,0.1％高锰酸钾溶液或 0.02％呋喃西林溶液,任选一种做子宫灌注。对隐性子宫内膜炎,宜在发情配种前 6～8 小时,向子宫内注射青霉素 100 万单位,可提高受胎率,减少隐性流产。对全身症状明显的,除局部治疗外,还应肌内注射或静脉注射抗生素,并根据情况给予补钙或补糖。

第五节　营养代谢疾病

本节重点介绍肉牛肥育场常见的易发病——牛瘤胃酸中毒。

瘤胃酸中毒是由于饲喂过量大麦、玉米等富含碳水化合物的谷类或各种块根块茎类多糖饲料,尤其是各类加工成粉状的饲料,导致瘤胃内异常发酵,生成大量乳酸。其次是饲料突然改变,由平时饲喂牧草而突然改饲谷类或甜菜、马铃薯等,导致发病。临床上表现为以乳酸酸中毒和瘤胃内某些微生物活性降低为特征的瘤胃消化功能紊乱性疾病。

牛在大量采食易于发酵的碳水化合物饲料后,瘤胃内微生物群及其共生关系发生变化,导致大量酸积累。瘤胃的缓冲液虽可缓冲一部分乳酸,仍有大量乳酸进入血液,因脱水而使血压降低,外周组织供氧减少,细胞呼吸产生的乳酸进一步增多。在乳酸产生的同时,亦产生部分丁酸,现已证实,丁酸可使瘤胃蠕动减慢甚至停止。乳酸在瘤胃内大量积聚,易继发化学性瘤胃炎,最终诱发肝脓肿,构成瘤胃炎-肝脓肿复合症。

本病临床症状的轻重程度取决于所采食谷类或含碳水化合物饲料的量、瘤胃液氢离子浓度提高(pH 降低)程度以及经过时间等。大致分为最急性型、急性型和亚急性型-慢性型等多种类型。

最急性型(重型):采食或偷食大量谷类精饲料几小时后出现中毒症状,病势发展较为迅速。临床上表现有腹痛症状,病牛站立不安,有的病例精神高度沉郁,呈昏睡状态。食欲废绝,流出大量泡沫状涎水,被迫横卧地上,并将头弯曲在肩部,似产后瘫痪姿势。视力极度减弱、甚至失明,瞳孔散大,反应迟钝。体温正常或轻度降低(36.5℃～38℃),呼吸数正常,脉搏加快(120～140 次/分)但细弱,尿少甚至无尿。瘤胃蠕动停止。此外,还可见到皮肤干燥、弹性减退等严重脱水症状。一般在 12 小时左右死亡。

急性型:在采食大量精饲料后 12～24 小时内发生酸中毒。表现为食欲废绝,精神沉郁,呻吟,磨牙,肌肉震颤。排泄混有血液的泡沫状便粪(血便)。尿液减少,瞳孔散大,反应迟钝。体温升高(38.5℃～39.5℃),脉搏增数(90～100 次/分),呼吸正常或减弱。可见皮肤干燥、无弹性等脱水症状。

亚急性型-慢性型(轻型):由于临床症状轻微,多数病牛不易早期发现。通常病牛短时食欲减退,但饮欲有所增加,瘤胃蠕动减弱,其他指标接近正常:体温 38.5℃～39℃;脉搏72～84 次/分。

最急性型和急性型病牛病程短,预后不良,多数在 12～24 小时内死亡。至于慢性型病牛,只要及时消除病因(如改变饲料或饲喂方式),较快地使病情减轻,可望恢复。

首先停止饲喂构成该病病因的饲料,改饲含粗纤维素的青、干牧草。针对本病直接致死原因——瘤胃酸中毒和机体脱水性循环障碍,给予合理的抢救性治疗,如应用 5%～10%碳酸氢钠注射液 3～5 升或与生理盐水、等渗葡萄糖溶液等混合静脉注射,效果较好。在调整瘤胃液氢离子浓度(pH)之前,先将瘤胃内容物尽量清洗排出,再投服碱性药物碳酸氢钠(300～500 克)、氧化镁(500 克)以及碳酸钙(200 克)等,每天 1 次,必要时间隔 1～2 天后再投服。为了恢复瘤胃内微生物群活性,可投服健康牛瘤胃液 5～8 升(移植疗法),这对一般病牛都有治疗效果。

主要预防对策是有效控制精、粗饲料的搭配比例,一般以精饲料占 40%～50%、粗饲料占 50%～60%为宜。肥育牛群饲喂精饲料的量宜逐渐增加,一般从 8～10 克/千克体重开始,经过 2～4 天增加到 10～12 克/千克体重,较为安全。在肥育肉牛的饲料中,粗纤维量以占其干物质的 14%～17%为宜。在肥育肉牛饲喂谷实类饲料之前,先移植已适应精料的健康牛的瘤胃液,然后再饲喂含淀粉饲料 21 天,即可杜绝瘤胃酸中毒的发生。

第六节　传染病及防治措施

一、口 蹄 疫

口蹄疫俗称"口疮"或"蹄癀",是由口蹄疫病毒引起的偶蹄兽的一种急性、热性、高度接触性传染病。其特征是口腔黏膜、蹄部和乳房皮肤发生水疱和烂斑。口蹄疫是世界性传染病,传染性极强,往往造成广泛流行,招致巨大的经济损失。

口蹄疫潜伏期平均为 2～4 天。患牛体温升高到 40℃～41℃，精神沉郁，闭口流涎，开口时有吸吮声，1～2 天后口腔出现水疱。此时嘴角流涎增多、呈白色泡沫状、常挂满嘴边，采食、反刍完全停止。水疱经 1 昼夜破裂后体温降至正常，糜烂逐渐愈合，身体状况逐渐好转。在口腔发生水疱的同时或稍后，趾间、蹄冠的柔软皮肤上也发生水疱，并很快破溃，出现糜烂，然后逐渐愈合。但若病牛体弱或烂斑被粪尿等污染，可能化脓，形成溃疡、坏死，甚至蹄壳脱落。当乳头皮肤出现水疱（主要见于奶牛），很快破溃，形成烂斑，并常波及乳腺引起乳房炎，泌乳量显著减少。

二、炭　疽

本病是由炭疽杆菌引起的一种人兽共患、急性、热性、败血性传染病。其特征是发病急，死亡快，死后血凝不良，尸僵不全，天然孔出血，脾脏高度肿大等。各种家畜和人都有不同程度的易感性，常呈地方性流行或散发，且以炎热的夏季多发。

临床症状：临床症状可以分为以下三类。

（一）最急性型

多见于流行初期，牛突然发病，体温在 40.5℃ 以上，行走不稳或突然倒地，全身战栗，呼吸困难，天然孔常流出煤焦油样血液，常于数小时内死亡。

（二）急性型

体温升高达 42℃，呼吸和心跳次数增多，食欲反刍停止，瘤胃膨胀，妊娠牛流产。有的兴奋不安、惊叫，口鼻流血，继而精神沉郁，肌肉震颤，可视黏膜蓝紫色，后期体温下降，窒息死亡，病程1～3 天。

（三）亚急性型

症状类似急性型，但病情较轻，病程较长，常在颈、胸、腰、乳房、外阴腹下等部皮肤发生水肿，直肠及口腔黏膜发生炭疽痈。

预防措施为定期注射疫苗，用无毒炭疽芽胞苗，成年牛皮下注射 1 毫升,1 岁以下犊牛注射 0.5 毫升。发生本病后,要立即上报,对疫区封锁隔离,炭疽牛尸体要焚烧或深埋 2 米以下,疫区要严格消毒,严防人被感染。治疗可用青霉素 800 万单位肌内注射,每日 3 次,连用 3 天。也可皮下或静脉注射抗炭疽血清,成年牛用 100～300 毫升,犊牛 30～60 毫升。

三、结 核 病

结核病是由结核分枝杆菌所引起的一种人兽共患传染病,以慢性发生为主,也是目前牛群中常见的一种慢性传染病。病的特征是在体内的某些器官形成结核结节,继而结节中心发生干酪样坏死或钙化。本病多为散发,无明显的季节性和地区性,多通过消化道和呼吸道传染,舍饲的牛发生较多,畜舍拥挤、潮湿、挤奶以及饲养管理不良等,可促进本病的发生与传播。

临床症状:按侵害器官的不同,主要分为以下三种类型。

(一)肺结核

以长期顽固的干咳为特点,且以清晨最明显,食欲正常,容易疲劳,逐渐消瘦,病情严重者可见呼吸困难。

(二)乳房结核

乳房上淋巴结肿大。乳区患病,以发生限性或弥散性的硬结节为特点,硬结节无热无痛,表面高低不平,泌乳量降低,乳汁变稀。严重时乳腺萎缩,泌乳停止。

(三)肠结核

以消瘦和持续腹泻,或便秘、腹泻交替出现为特点,粪便带血或带脓汁,味腥臭。生长缓慢,最后消瘦。犊牛多发生肠结核。

奶牛场的工作人员或奶农要定期进行体检,有结核病的人不能做奶牛饲养工作。牛场要定期对牛群用结核菌素试验进行检查。要建立严格的防疫消毒制度,加强消毒,全面大消毒每年进行 4 次,饲养用具以及圈舍每月消毒 1 次。治疗时,对症状较轻的病牛可以每日用异烟肼 3～4 克,分 3 次混在精料中饲喂,每 3 个月为 1 个疗程;对症状严重者可口服异烟肼每日 1～2 克。同时肌内注射链霉素,每次 3～5 克,隔日 1 次。

四、牛流行热

牛流行热是由流行热病毒引起的一种急性、热性传染病,其特征是突然发病,高热,呼吸急促,流泪,流涎,流鼻液,四肢关节疼痛引起跛行,发病率高,病死率低,该病常呈良性经过,2～3 日即可恢复正常。本病主要发生于蚊蝇孳生的 6～9 月份,多因吸血昆虫叮咬传播本病,传播迅速,停息也迅速,呈地方性流行。

该病的临床症状表现为突然寒颤、高烧,体温在 40℃以上,持续 3 天,故称又称三日热或暂时热。病牛流涎、流泪、流鼻汁,眼睑和结膜充血、水肿,呼吸急促,皮温不整,四肢下部和耳根、角根发凉。四肢关节肿痛,呆立不动,呈现跛行或卧地不起,妊娠牛多导致流产与死胎,泌乳量迅速下降。

预防注意经常保持牛舍及周围环境的清洁卫生,对牛舍地面、饲槽要定期用 2％氢氧化钠溶液消毒。依据流行热病毒由蚊蝇传播的特点,可每周 2 次用 5％敌百虫溶液喷洒牛舍和周围排粪沟,以杀灭蚊蝇、切断病毒传染途径。本病治疗主要采取对症疗法,解热镇痛,强心补液,防止继发感染。全面治疗时用氨基比林注射液 30～50 毫升,病毒唑注射液 20～40 毫升,地塞米松注射液 10～25 毫升(妊娠牛忌用)一次肌内注射。同时用 5％糖盐水 1 500 毫升,青霉素 200 万～500 万单位,维生素 C 注射液 3～6 克,安钠咖注射液 2～4 克,一次静注。对四肢严重疼痛的牛可用镇跛消痛注射液每千克体重 0.15 毫升,臀部肌内注射。

五、恶性水肿

恶性水肿是一种急性创伤性传染病,以伤口局部水肿和全身毒血症为特征。病原体是腐败梭菌、魏氏梭菌等。本病菌在动物粪便污染的土壤中分布很多,牛在闭合性污染创伤后继发本病。

临床症状表现为可见创伤周围炎性水肿,初期肿胀手摸感觉结实,有热痛,后期没有热痛,柔软。穿刺或切开肿胀部,有多量红褐色液体流出,并混有气泡,气味腥臭。随着肿胀加剧,结膜充血,发绀(呈紫色)。伴有腹泻,可见牛垂头弓腰,呻吟,经2~3天死亡。

牛体一旦发生外伤应及早清理伤口,消毒、涂药。如后期发现,应扩大创口,清除创部腐败组织,用3%过氧化氢溶液冲洗干净,撒布磺胺粉,而后引流,同时肌内注射青霉素320万单位、链霉素300万单位,每日2次。牛舍和场地用10%漂白粉溶液消毒,对粪便、垫草、污染物进行焚烧或深埋。

六、牛病毒性腹泻

奶牛病毒性腹泻也称黏膜病,是由黏膜病病毒引起牛的一种急性、热性传染病。其主要特征是传染迅速、突然发病、体温升高、发生糜烂性口炎、胃肠炎、不食和腹泻。以6~18月龄的小牛症状最为严重,主要通过消化道和呼吸道感染,多发生于冬、春季节,在新疫区可呈现全群暴发,在老疫区多为隐性感染,只见少数轻型病例。临床症状分为急性和慢性型。

(一)急性型

常见于犊牛,表现为体温升高至40℃~42℃,流鼻涕、咳嗽、流泪、流涎、呼吸急促、闭目无神。口腔黏膜糜烂或溃疡,并出现腹泻,混有黏膜和血液,恶臭。鼻镜和鼻周围散在有浅在的细小的糜烂。产奶牛泌乳量减少,妊娠牛发生流产,有的病牛角膜水肿,蹄部发生蹄冠炎和蹄叶炎而引起跛行。重症病牛多于5~7天因脱水和衰竭而死亡。病理变化主要是口腔、食管、胃肠黏膜水肿和糜烂,其中以食管内为纵行的小糜烂最为明显。

(二)慢性型

多为急性型转变为慢性型,口腔黏膜反复发生坏死和溃疡,持续性或间歇性腹泻,流鼻液,鼻镜结痂,流泪,有的发生慢性蹄叶炎而跛行,有的还出现局部性脱毛和表皮角质化而皮肤皲裂,这种病牛通常呈现持续感染,发育不良,最终死亡或被淘汰。

牛场应加强饲养管理和日常的兽医卫生防疫措施。并且每年用黏膜病灭活疫苗对牛群进行 1 次免疫接种。本病一般死亡率不高,轻型病例不需要治疗,只要给予新鲜饲料和清洁饮水并加以精心照料就可以恢复。发病症状严重时,如排出大量凝血块,严重失水及虚脱,应及时对症治疗。严重腹泻时可用次硝酸铋或单宁酸 50 克,配以磺胺脒 30 克,口服每日 2～3 次,连服 2～3 天;严重失水时可用 5％糖盐水 3 000～5 000 毫升,25％～50％葡萄糖注射液 5 000～10 000 毫升及 10％氯化钾注射液 100 毫升,静脉注射。

七、肉牛传染性疾病防治的主要措施

(一)主要原则

肉牛传染性疾病的发生和流行因素是多方面的,但其共同特征是由传染源、传播途径及易感动物相互联系而成的。因此,预防和扑灭传染性疾病的主要原则是如下。

1. 查明和消灭传染源　这是预防疫病发生的首要措施。平时应做好疫情调查,定期对牛群进行必要的检疫,以便及时发现并消灭传染源。定期使用药物对牛进行驱虫。对因传染病死亡的牛,尸体要妥善处理。

2. 截断传播途径　不少疫病的病原体,可以在外界环境中生存一定时期并保持其毒力。因此,截断病原体的传播途径是预防疫病发生的一项重要措施。由于疫病的种类和性质不同,其传播途径各异,应根据其具体特点采取相应措施。

3. 提高机体的抵抗力　这是防止疫病发生和传播的根本措施。包括两个方面:即加强饲养管理,提高机体的非特异性抵抗力;进行预防接种,提高机体的特异性抵抗力。

(二)免疫接种

在经常发生某种传染病或有潜在发生疫病可能性的地区,为了防患于未然,在平时应根据本地区疫病的种类、发生季节、发生规律、疫情动态及饲养管理状况,制订出相应的防疫计划,适时适地定期进行预防接种。预防接种常使用疫苗、菌苗、类毒素等生物制剂作为抗原来激发机体的免疫力。

(三)疫情报告

由于某些疫病发病急,范围大,危害严重,如不及时扑灭,会造成更大的经济损失,甚至会威胁人类的健康。所以,一旦确认发生了烈性及危害大的传染病,要及时向上级业务主管部门汇报,使疫情控制在最小的范围之内。报告的内容主要为:发病时间、地点、数量、死亡数量、临床症状、剖检变化、初诊病名及防治情况等。

(四)牛群检疫

牛群检疫是根据地方流行病学调查资料,运用兽医临床诊断学方法,以重点疫病为检查目的的活体检疫。在平时要对牛群经常观察,并按当地的疫情定期进行必要的检查,及时查出病牛,无法确诊的应采样送兽医卫生防疫部门检查。

(五)疫病诊断

及时准确的诊断,是防疫工作的重要环节。不能立即确诊的,应采取病理材料尽快送到有关业务部门检验。在未得到结果之前,应根据初步诊断,采取相应的紧急措施,防止疫病的蔓延及扩散。

常用的诊断方法有:临床诊断、流行病学诊断、病理学诊断、免疫学诊断等,由于疫病的特点各不相同,这几种方法有时需要综合运用,有时则仅用其中一种或几种。

(六)隔离封锁

1. 隔离 发生传染病时,将病牛和可疑感染的牛只与健康牛隔离开,以消除和控制传染源,从而截断流行过程。病牛应在彻底消毒的情况下,将其单独或集中隔离在原来的圈舍、场院或偏僻场所,由专人护理、看管和治疗。隔离场所应注意消毒,严禁人、畜随意出入。粪便应单独堆积发酵处理。可疑感染牛群无任何症状,但与发病牛及其污染的环境有过明显接触,可能处在潜伏期,并有排菌(毒)的危险,应在消毒后另地专人饲养管理,限制其活动,详细观察。同时,应立即进行紧急免疫接种,或预防性治疗。经1~2周不发病者,可取消其限制。

2. 封锁 当暴发某些疫病时,在隔离的基础上,对疫源地区还应采取封锁措施,防止疫病由疫区向安全区传播或健牛误入疫区而被传染,以迅速控制和就地扑灭疫病。

(七)消 毒

1. 牛舍的消毒 消毒牛舍、场地,一般常用10%~20%石灰乳剂,1%~10%漂白粉澄清液,1%~4%烧碱水或3%~5%臭药水,一般每平方米面积用药量为1升。

2. 地面土壤的消毒 首先用10%漂白粉,与表土混合后将此表土深埋。

3. 粪便的消毒

(1)堆肥发酵法 选择地势高而干,并距住宿和水源较远的地方,挖一长2米、宽和深约0.3米的十字沟,再将树枝、杂草、秸秆等与粪便都装入沟内,用湿泥封严。然后用木棒或竹竿从顶上向下插几个孔,当粪便温度升高到70℃以上,一些病原菌和寄生虫卵就会很快被杀死。

(2)沼气发酵法 利用粪便制取沼气,既可照明、煮饭,改善环境卫生,又可消灭寄生虫卵和幼虫以及多种病原微生物,提高肥效。

4. 污水的消毒 如污水量不大,可拌洒在粪便中堆积发酵。如水池、水井被污染,可根据不同情况予以永久或暂时性封闭,或进行化学处理。方法是每立方米水中加入漂白粉8~10克,充分搅混,经数日后方可启用。

5. 车辆用具的消毒 运送过患传染病的牛或疑似病牛及其尸体、粪便和产品原料的车辆,以及与之接触过的用具在彻底清洗之后,还应用10%漂白粉或2%~4%烧碱热溶液消毒。

金盾版图书,科学实用,
通俗易懂,物美价廉,欢迎选购

以上图书由全国各地新华书店经销。凡向本社邮购图书或音像制品,可通过邮局汇款,在汇单"附言"栏填写所购书目,邮购图书均可享受9折优惠。购书30元(按打折后实款计算)以上的免收邮挂费,购书不足30元的按邮局资费标准收取3元挂号费,邮寄费由我社承担。邮购地址:北京市丰台区晓月中路29号,邮政编码:100072,联系人:金友,电话:(010)83210681、83210682、83219215、83219217(传真)。